高等职业教育土木建筑大类专业系列规划教材

绿色建筑分析与评价实训指导

尹巧玲　刘　岚 ◉ 主　编

刘思思　刘　娟 ◉ 副主编

清华大学出版社

北　京

内容简介

本书为高职高专院校建筑设计专业的实践教学用书，所涉及的内容主要为绿色建筑分析与评价工作过程中所需的计算分析报告实训，共设4个模块：模块1为节地与室外环境、模块2为节能与能源利用、模块3为节材与材料资源利用，模块4为室内环境质量。

本书主要对象是建筑类高职院校建筑设计专业师生，对其他建筑类相关专业的师生、建筑设计技术人员、绿色建筑设计及咨询从业人员以及建设规划、环保部门也具有参考价值。

图书在版编目（CIP）数据

绿色建筑分析与评价实训指导/尹巧玲，刘岚主编. —北京：清华大学出版社，2019（2022.7重印）
（高等职业教育土木建筑大类专业系列规划教材）
ISBN 978-7-302-51317-9

Ⅰ. ①绿…　Ⅱ. ①尹… ②刘…　Ⅲ. ①生态建筑－高等职业教育－教材　Ⅳ. ①TU-023

中国版本图书馆CIP数据核字（2018）第227150号

责任编辑：杜　晓
封面设计：曹　来
责任校对：袁　芳
责任印制：刘海龙

出版发行：清华大学出版社
　　网　　址：http://www.tup.com.cn，http://www.wqbook.com
　　地　　址：北京清华大学学研大厦A座　　**邮　　编**：100084
　　社 总 机：010-83470000　　**邮　　购**：010-62786544
　　投稿与读者服务：010-62776969，c-service@tup.tsinghua.edu.cn
　　质量反馈：010-62772015，zhiliang@tup.tsinghua.edu.cn
印 刷 者：北京富博印刷有限公司
装 订 者：北京市密云县京文制本装订厂
经　　销：全国新华书店
开　　本：185mm×260mm　　**印　　张**：6.25　　**字　　数**：146千字
版　　次：2019年1月第1版　　**印　　次**：2022年7月第3次印刷
定　　价：39.00元

产品编号：077534-01

前 言

当前，绿色建筑是整个建筑行业的一个趋势，绿色建筑设计是现代化建筑设计的一个主方向，越来越受到人们的关注和青睐。近年来，随着国家大力推行绿色建筑设计及评价，建筑设计市场出现了新的就业岗位——绿色建筑工程师。

为方便进行相应的学生实训锻炼和教师教学活动，针对本课程的实践性、系统性和该课程在专业中的重要性，以及绿色建筑工程师岗位所提出的工作要求，我们特意编写了本书。本书在编写上力求做到符合高职高专建筑设计专业的教学特点以及课程教学改革的要求，根据现行的《绿色建筑评价标准》(GB/T 50378—2014)编制实训任务，并明确各任务的教学目标，着重培养学生的实操技能和职业能力，全面提高学生学习的主动性、能动性和综合素质。本书从实践性教学环节着手，构建了20个实训任务驱动的4个模块式课程结构，其中，模块1为“节地与室外环境”，含7个实训任务；模块2为“节能与能源利用”，含3个实训任务；模块3为“节材与材料资源利用”，含4个实训任务；模块4为“室内环境质量”，含6个实训任务。

本书为校企合作共同编写，由湖南城建职业技术学院尹巧玲、刘岚任主编，刘思思、刘娟任副主编，杨卉、彭瑶、邹宁参编，本书编写分工为：模块1由尹巧玲编写，模块2由刘娟编写，模块3由刘思思、刘岚编写，模块4由尹巧玲、刘思思编写。

本书得到了湖南宝信云建筑综合服务平台股份有限公司的指导与支持，在此表示衷心的感谢！

本书在编写过程中参考了有关标准、书籍、图片及其他文献资料，得到了编者所在单位的领导和同事以及出版社的鼎力支持，在此一并致谢。由于编者水平有限，书中不足之处在所难免，恳请各位读者批评、指正。

编 者

2018年7月

目 录

模块 1　节地与室外环境

实训任务 1.1　节约集约利用土地评价

实训目的：通过本实训任务的训练，能够计算出人均居住用地指标，掌握绿色建筑土地利用的分析与评价方法。

实训要求：根据提供的任务信息，完成实训任务中“人均居住用地指标计算书(一)”和“人均居住用地指标计算书(二)”。

学时安排：2 学时。

辅助工具：计算机辅助设计软件(CAD)、办公软件(Word、Excel)、计算机等。

1.1.1　实训指导

1. 评价标准

《绿色建筑评价标准》(GB/T 50378—2014)评分项第 4.2.1 条规定：节约集约利用土地，评价总分值为 19 分。对居住建筑，根据其人均居住用地指标按表 1-1 所示的规则评分；对公共建筑，根据其容积率按表 1-2 所示的规则评分。

表 1-1　居住建筑人均居住用地指标评分规则

居住建筑人均居住用地指标 A/m^2					得分
3 层及以下	4～6 层	7～12 层	13～18 层	19 层及以上	
$35<A\leqslant 41$	$23<A\leqslant 26$	$22<A\leqslant 24$	$20<A\leqslant 22$	$11<A\leqslant 13$	15
$A\leqslant 35$	$A\leqslant 23$	$A\leqslant 22$	$A\leqslant 20$	$A\leqslant 11$	19

表 1-2　公共建筑容积率评分规则

容积率 R	得分
$0.5\leqslant R<0.8$	5
$0.8\leqslant R<1.5$	10
$1.5\leqslant R<3.5$	15
$R\geqslant 3.5$	19

2. 条文说明

人均居住用地指标是指平均每人占有居住用地的面积，是控制居住建筑节地的关键性指标。根据现行国家标准《城市居住区规划设计规范》(GB 50180—1993)(2016 年版)第 3.0.3 条，决定人均居住用地指标的主要因素有三点：一是建筑气候分区，居住区所处建筑气候分区及地理纬度所决定的日照间距要求的大小不同，对居住密度和相应的人均占地面积也有明显影响；二是居住区居住人口规模，因设计公共服务设施、道路和公共绿地的配套设置等级不同，一般人均居住用地面积居住区高于小区、小区高于组团；三是住宅层数，通常住宅层数较高，所能达到的居住密度相应较高，人均所需居住区用地相应就低一些。

对于本条公共建筑的评价要求，虽然建设方、设计方均无权自行提高容积率，但容积率仍然是获得共识的建筑节地衡量指标，容积率高确实要节地。另外，本条的容积率指标值也考虑了宜居环境的要求，并未确定很高的容积率，鼓励适当幅度的提高。

3. 评价方式

1) 居住建筑

查阅住区总用地面积、总户数、总人口(可按 3.2 人/户换算人口数)等，核算申报项目的人均居住用地指标计算书。不同规模居住用地面积应按下列方法进行计算。

(1) 小型项目(达不到组团规模的)：按照所在地城乡规划管理部门核发的建设用地规划许可证批准的用地面积进行计算。

(2) 居住组团：按照包含本次申报所有居住建筑且由住区道路完整围合区域的用地面积进行计算。

(3) 居住小区：部分居住建筑或某栋居住建筑申报，按照城乡规划管理部门批准的完整的居住建设项目的用地面积进行计算。

人均居住用地指标计算和评分方式如下。

(1) 当住区内所有住宅建筑层数相同时，计算人均居住用地指标，将其与标准中相应层数建筑的限值进行比较，得到具体评价分值(表 1-1)。人均居住用地指标计算如下：

$$A=R\div(H\times 3.2)$$

式中：R——参评范围的居住用地面积；

A——人均居住用地面积；

H——住宅户数；

3.2——每户 3.2 人，若当地有具体规定，可按照当地规定取值。

(2) 当住区内不同层数的住宅建筑混合建设时，计算现有居住户数可能占用的最大居住用地面积，将其与实际参评居住用地面积进行比较，得到具体评价分值。

当 $R\geqslant(H_1\times 41+H_2\times 26+H_3\times 24+H_4\times 22+H_5\times 13)\times 3.2$ 时，得 0 分。

当 $R\leqslant(H_1\times 41+H_2\times 26+H_3\times 24+H_4\times 22+H_5\times 13)\times 3.2$ 时，得 15 分。

当 $R\leqslant(H_1\times 35+H_2\times 23+H_3\times 22+H_4\times 20+H_5\times 11)\times 3.2$ 时，得 19 分。

式中：H_1——3 层及以下住宅户数；

H_2——4～6 层住宅户数；

H_3——7～12 层住宅户数；

H_4——13～18 层住宅户数；

H_5——19层及以上住宅户数；

R——参评范围的居住用地面积。

2）公共建筑

查阅总用地面积、地上总建筑面积、容积率等，校核项目的容积率指标计算书。

1.1.2　实训任务一

根据图1-1所示某A小区总平面图，该项目规划总用地面积30992m²（约46.49亩①），总建筑面积138853m²，包括9栋18层住宅，可安置户数720户，对该项目的人均居住用地指标进行评价，并完成以下计算书中内容。

人均居住用地指标计算书（一）

1. 项目概述

项目名称：________________________________

评价依据：《绿色建筑评价标准》(GB/T 50378—2014)评分项第4.2.1条"节约集约利用土地的要求"。

评分细则：当住区内所有住宅建筑层数相同时，参照表1-3进行评价。

2. 计算过程

当住区内所有住宅建筑层数相同时，计算人均居住用地指标，将其与标准中相应层数建筑的限值进行比较，得到具体评价分值。人均居住用地指标计算如下：

$$A=R\div(H\times3.2)$$

式中：R——参评范围的居住用地面积，本项目为________m²；

A——人均居住用地面积；

H——住宅户数，本项目为________户；

3.2——每户3.2人，若当地有具体规定，可按照当地规定取值。

经计算，本项目的人均居住用地指标为________m²/人，计算过程如下：

____

____

____

3. 分析结论

综上所述，本项目人均居住用地指标为________m²，满足《绿色建筑评价标准》(GB/T 50378—2014)评分项第4.2.1条"节约集约利用土地的要求"。得________分。

① 1亩=666.7m²，全书同。

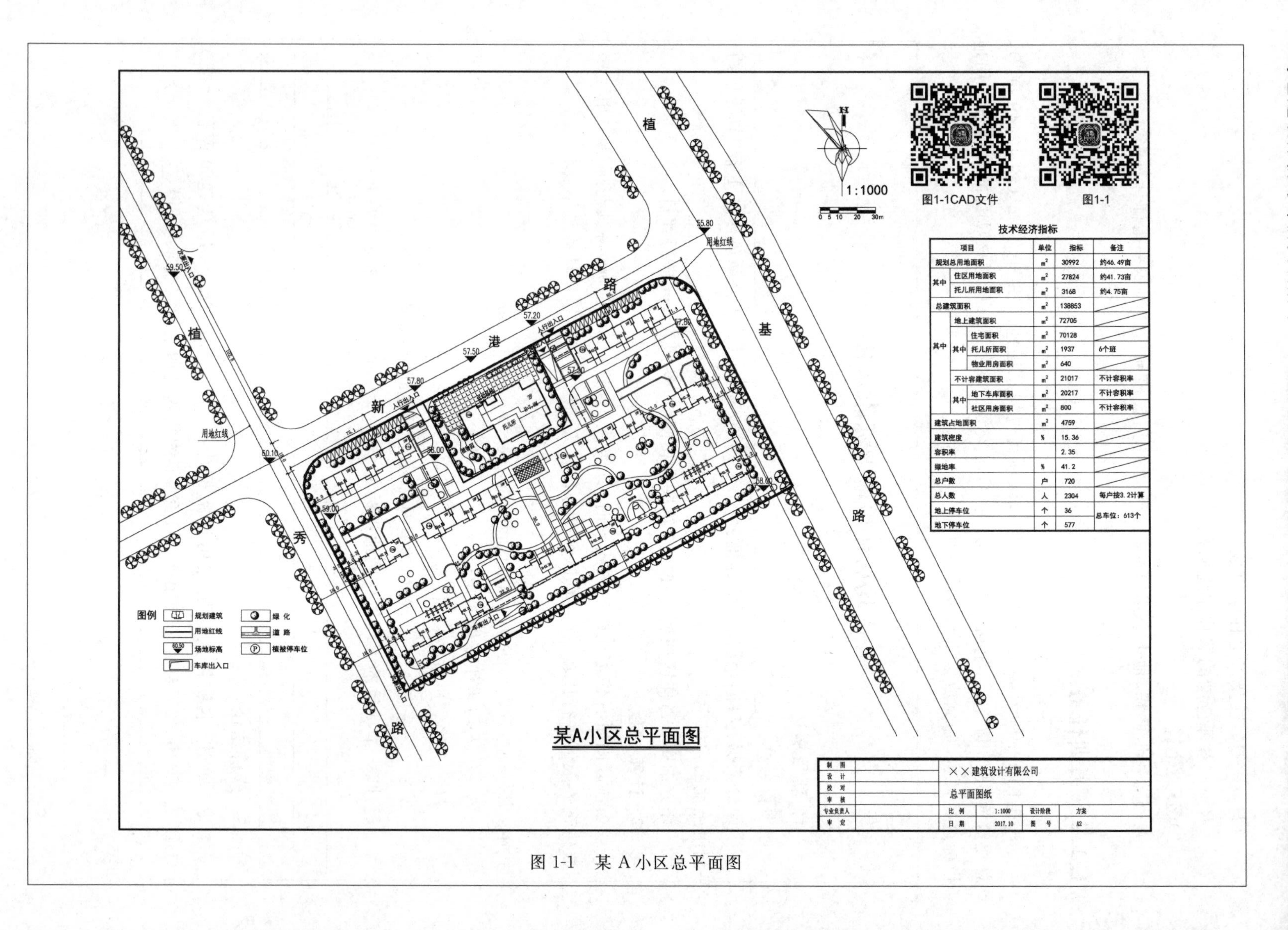

技术经济指标

项目			单位	指标	备注
规划总用地面积			m^2	30992	约46.49亩
其中	住区用地面积		m^2	27824	约41.73亩
	托儿所用地面积		m^2	3168	约4.75亩
总建筑面积			m^2	138853	
其中	地上建筑面积		m^2	72705	
	其中	住宅面积	m^2	70128	
		托儿所面积	m^2	1937	6个班
		物业用房面积	m^2	640	
	不计容建筑面积		m^2	21017	不计容积率
	其中	地下车库面积	m^2	20217	不计容积率
		社区用房面积	m^2	800	不计容积率
建筑占地面积			m^2	4759	
建筑密度			%	15.36	
容积率				2.35	
绿地率			%	41.2	
总户数			户	720	
总人数			人	2304	每户按3.2计算
地上停车位			个	36	总车位：613个
地下停车位			个	577	

图 1-1　某 A 小区总平面图

表 1-3　居住建筑人均居住用地指标评分规则

居住建筑人均居住用地指标 A/m^2					得分
3 层及以下	4～6 层	7～12 层	13～18 层	19 层及以上	
$35<A\leqslant41$	$23<A\leqslant26$	$22<A\leqslant24$	$20<A\leqslant22$	$11<A\leqslant13$	15
$A\leqslant35$	$A\leqslant23$	$A\leqslant22$	$A\leqslant20$	$A\leqslant11$	19

1.1.3　实训任务二

根据图 1-2 所示某 B 小区总平面图，该项目规划总用地面积 $94455.77m^2$(约 141.68 亩)，共可安置 1253 户，其中，3 层住宅设 57 户，12 层住宅设 112 户，12 层住宅设 336 户，17 层住宅设 748 户，对该项目的人均居住用地指标进行评价，并完成以下计算书中内容。

人均居住用地指标计算书(二)

1. 项目概述

项目名称：________________

评价依据：《绿色建筑评价标准》(GB/T 50378—2014)评分项第 4.2.1 条“节约集约利用土地的要求”。

评分细则：当住区内不同层数的住宅建筑混合建设时，计算现有居住户数可能占用的最大居住用地面积，将其与实际参评居住用地面积进行比较，得到具体评价分值：

当 $R\geqslant(H_1\times41+H_2\times26+H_3\times24+H_4\times22+H_5\times13)\times3.2$ 时，得 0 分。

当 $R\leqslant(H_1\times41+H_2\times26+H_3\times24+H_4\times22+H_5\times13)\times3.2$ 时，得 15 分。

当 $R\leqslant(H_1\times35+H_2\times23+H_3\times22+H_4\times20+H_5\times11)\times3.2$ 时，得 19 分。

式中：H_1——3 层及以下住宅户数；

H_2——4～6 层住宅户数；

H_3——7～12 层住宅户数；

H_4——13～18 层住宅户数；

H_5——19 层及以上住宅户数；

R——参评范围的居住用地面积。

2. 计算过程

当住区内不同层数的住宅建筑混合建设时，计算现有居住户数可能占用的最大居住用地面积，将其与实际参评居住用地面积进行比较。计算过程如下：

项目现有居住户数可能占用的最大居住用地面积 1

$=(H_1\times41+H_2\times26+H_3\times24+H_4\times22+H_5\times13)\times3.2$

=________________

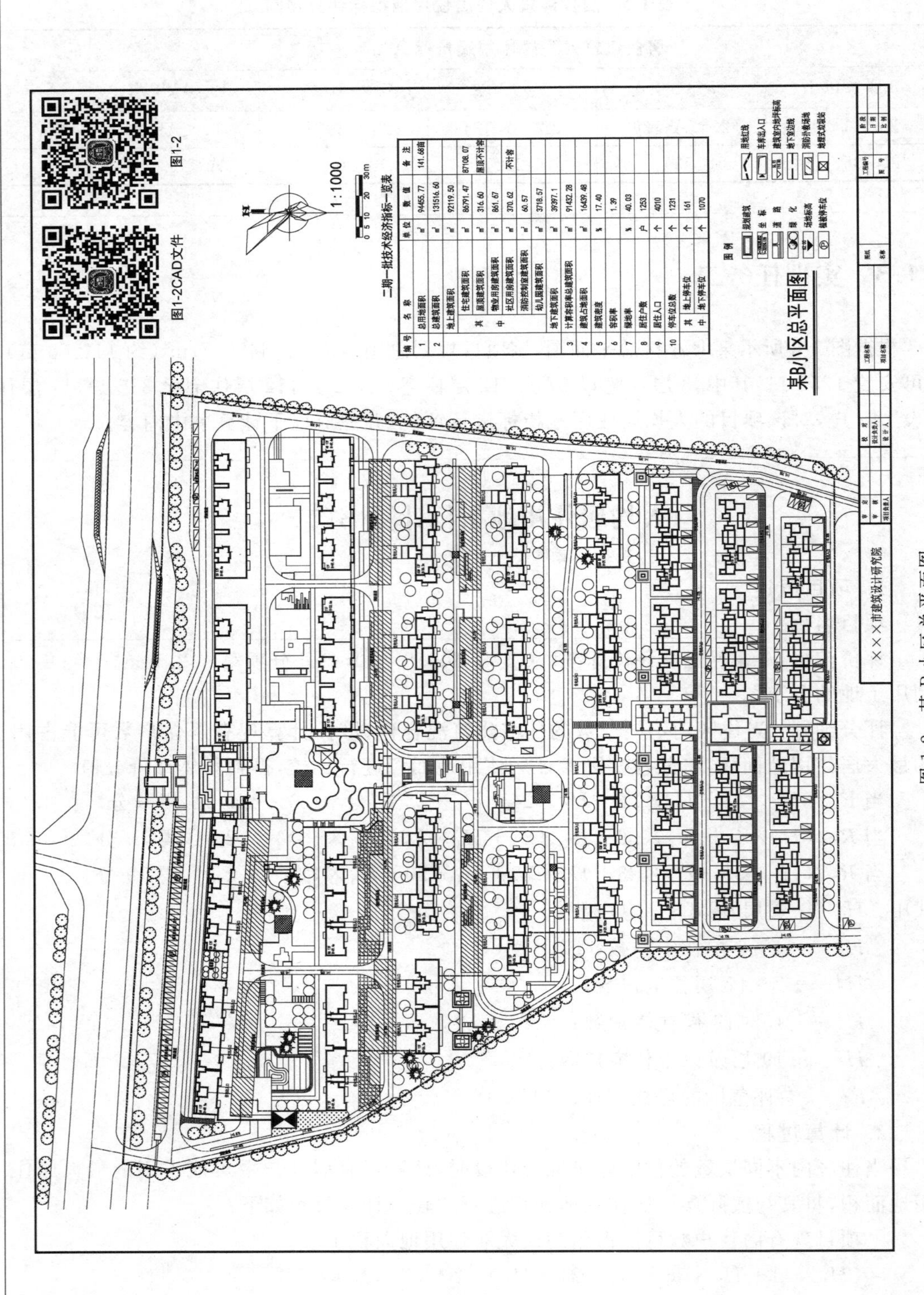

二期一批技术经济指标一览表

编号	名称		单位	数值	备注
1	总用地面积		㎡	94455.77	141.68亩
2	总建筑面积		㎡	131516.60	
	地上建筑面积		㎡	92119.50	
	其中	住宅建筑面积	㎡	86791.47	87108.07
		屋顶建筑面积	㎡	316.60	屋顶不计容
		物业用房建筑面积	㎡	861.67	
		社区用房建筑面积	㎡	370.62	不计容
		消防控制室建筑面积	㎡	60.57	
		幼儿园建筑面积	㎡	3718.57	
	地下建筑面积		㎡	39397.1	
3	计算容积率总建筑面积		㎡	91432.28	
4	建筑占地面积		㎡	16439.48	
5	建筑密度		%	17.40	
6	容积率			1.39	
7	绿地率		%	40.03	
8	居住户数		户	1253	
9	居住人口		个	4010	
10	停车位总数		个	1231	
	其中	地上停车位	个	161	
		地下停车位	个	1070	

图1-2 某B小区总平面图

项目现有居住户数可能占用的最大居住用地面积 2

$=(H_1\times35+H_2\times23+H_3\times22+H_4\times20+H_5\times11)\times3.2$

$=$ ________________________________

式中：H——住宅户数，本项目 3 层及以下住宅户数为________户，4～6 层住宅户数为________户，7～12 层住宅户数为________户，13～18 层住宅户数为________户，19 层及以上住宅户数为________户；3.2 指每户 3.2 人，若当地有具体规定，可按照当地规定取值。

本项目参评范围的居住用地面积 R 为________ m^2，与现有居住户数可能占用的最大居住用地面积进行对比，结果如下：

$R\leqslant$ ________________________________

3. 分析结论

综上所述，本项目 $R\leqslant$________________，根据《绿色建筑评价标准》(GB/T 50378—2014)评分项第 4.2.1 条“节约集约利用土地的要求”，得________分。

实训任务 1.2 公共绿地指标评价

实训目的：通过本实训任务的训练，理解住区公共绿地的基本概念，能够计算出住区人均公共绿地面积指标，掌握绿色建筑公共绿地指标的分析与评价方法。

实训要求：根据提供的任务信息，完成实训任务中“住区人均公共绿地面积指标计算书”。

学时安排：2 学时。

辅助工具：计算机辅助设计软件(CAD)、斯维尔绿色建筑系列分析软件(日照分析软件)、办公软件(Word、Excel)、计算机等。

1.2.1 实训指导

1. 评价标准

《绿色建筑评价标准》(GB/T 50378—2014)评分项第 4.2.2 条规定：场地内合理设置绿化用地，评价总分值为 9 分，并按下列规则评分。

1) 居住建筑按下列规则分别评分并累计

(1) 住区绿地率：新区建设达到 30%，旧区改建达到 25%，得 2 分。

(2) 住区人均公共绿地面积：按表 1-4 所示的规则评分，最高得 7 分。

表 1-4 住区人均公共绿地面积评分规则

住区人均公共绿地面积 A_g/m^2		得分
新区建设	旧区建设	
$1.0\leqslant A_g<1.3$	$0.7\leqslant A_g<0.9$	3
$1.3\leqslant A_g<1.5$	$0.9\leqslant A_g<1.0$	5
$A_g\geqslant1.5$	$A_g\geqslant1.0$	7

2）公共建筑按下列规则分别评分并累计

（1）绿地率：按表 1-5 所示的规则评分，最高得 7 分。

表 1-5　公共建筑绿地率评分规则

绿地率 R_g	得分
$30\% \leqslant R_g < 35\%$	2
$35\% \leqslant R_g < 40\%$	5
$R_g \geqslant 40\%$	7

（2）绿地向社会公众开放，得 2 分。

2. 条文说明

《城市居住区规划设计规范》(GB 50180—1993)(2016 年版)第 2.0.32 条将绿地率定义为“居住用地范围内各类绿地面积的总和占居住区用地面积的比率(%)。”绿地应包括：公共绿地、宅旁绿地、公共服务设施所属绿地和道路绿地(即道路红线内的绿地)，不应包括屋顶、晒台的人工绿地。

《城市居住区规划设计规范》(GB 50180—1993)(2016 年版)第 7.0.4 条对居住区内公共绿地作了具体规定，包括中心绿地，以及老年人、儿童活动场地和其他的块状、带状公共绿地等。不仅规定了居住区公园、小游园、组团绿地等各级中心绿地的设置内容、要求和最小规模，还要求中心绿地、其他块状、带状公共绿地宽度不小于 8m、面积不小于 $400m^2$、至少应有一个边与相应级别的道路相邻、绿化面积(含水面)不低于 70%、有不少于 1/3 的绿地面积在标准的建筑日照阴影线范围之外(组团绿地)等。

3. 评价方式

1）居住建筑

查阅设计文件中的相关技术经济指标，内容包括住区总用地面积、总户数、总人口、绿地面积、公共绿地面积等，根据设计指标核算申报项目的绿地率及人均公共绿地面积指标(与第 4.2.1 条的用地面积及人口数应一致)。需提供居住建筑平面日照等时线模拟图，以便核查公共绿地的面积。

2）公共建筑

查阅设计文件中的相关技术经济指标，内容包括住区总用地面积、总户数、总人口、绿地面积、绿地率；检查设计文件中是否体现了绿地将向社会公众开放的设计理念及措施。幼儿园、小学、中学、医院建筑的绿地，评价时可视为开放的绿地，直接得分。对没有可开放绿地的其他公共建筑项目，评价标准第 2 条第(2)项不得分。

1.2.2　实训任务

某小区位于某经济开发区，共设 1253 户住户，其总平面绿地率为 40.03%，绿地布置图如图 1-3 所示，各绿地面积如表 1-6 所示。根据以上资料，完成“住区人均公共绿地面积指标计算书”中的内容。

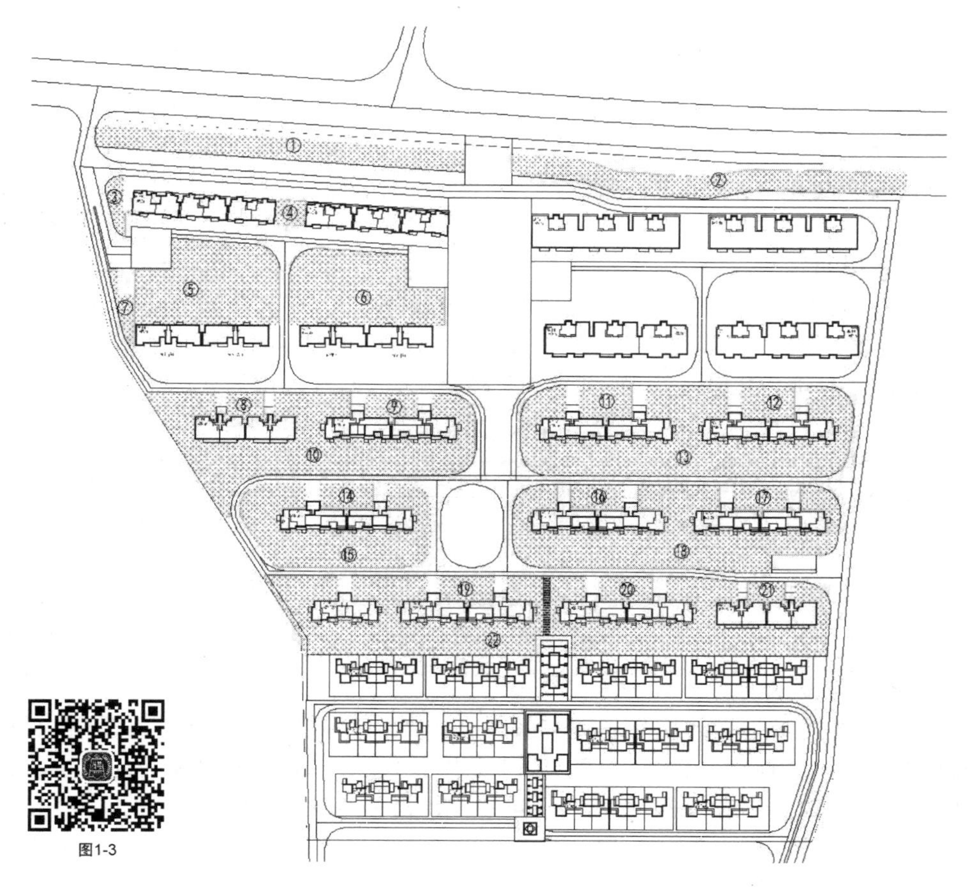

图 1-3　绿地布置图

表 1-6　绿地面积表

绿地编号	绿地面积 S/m^2	绿地最小宽度 D/m	绿地编号	绿地面积 S/m^2	绿地最小宽度 D/m
1	1663	10	12	375	11
2	1796	10	13	3930	9
3	176	5	14	279	11
4	159	10	15	2100	17
5	2235	37	16	279	9
6	2092	37	17	279	9
7	201	2	18	3509	17
8	205	11	19	282	9
9	280	11	20	280	9
10	3714	9	21	179	9
11	375	11	22	5745	16

住区人均公共绿地面积指标计算书

1. 项目概述

项目名称：________________________________

评价依据：《绿色建筑评价标准》(GB/T 50378—2014)评分项第4.2.2条"场地内合理设置绿化用地，评价总分值为9分"。

评分细则：居住建筑按下列规则分别评分并累计。

(1) 住区绿地率：新区建设达到30%，旧区改建达到25%，得2分。

(2) 住区人均公共绿地面积：按表1-7的规则评分，最高得7分。

表1-7 住区人均公共绿地面积评分规则

住区人均公共绿地面积 A_g/m^2		得分
新区建设	旧区建设	
$1.0 \leqslant A_g < 1.3$	$0.7 \leqslant A_g < 0.9$	3
$1.3 \leqslant A_g < 1.5$	$0.9 \leqslant A_g < 1.0$	5
$A_g \geqslant 1.5$	$A_g \geqslant 1.0$	7

2. 概念与要求

《城市居住区规划设计规范》(GB 50180—1993)(2016年版)第7.0.4条对居住区内公共绿地作了具体规定，包括中心绿地，以及老年人、儿童活动场地和其他的块状、带状公共绿地等，并对其设置内容、要求和最小规模作出了要求，具体如下。

(1) 公共绿地包括中心绿地，以及老年人、儿童活动场地和其他的块状、带状公共绿地等。

(2) 公共绿地宽度不小于8m、面积不小于400m^2。

(3) 公共绿地至少应有一个边与相应级别的道路相邻。

(4) 公共绿地的绿化面积(含水面)不低于70%。

(5) 公共绿地应有不少于1/3的绿地面积在标准的建筑日照阴影线范围之外(组团绿地)。

3. 住区绿地率评价

本项目为(□新建项目 □旧区改建)，绿地率为________，可得________分。

4. 住区人均公共绿地面积计算及评价

根据项目总平面图、绿地布置图及其面积表可知，宽度不小于8m、面积不小于400m^{2}的绿地编号为________________________________

利用日照分析软件，对以上宽度不小于8m、面积不小于400m^{2}的绿地进行日照计算，绿地面积在标准的建筑日照阴影线范围之外的比例如图1-4所示。

下面对绿地进行核算分析，以判定是否为公共绿地，具体判定过程如表1-8所示。

根据表1-8可以得出，满足公共绿地要求的面积为编号________，公共绿地总面积为________m^2。

结合总平面图经济技术指标，可知本项目共有住户________户，共计________人；公共绿地面积为________m^2，经计算，人均公共绿地面积为________m^2。

图1-4

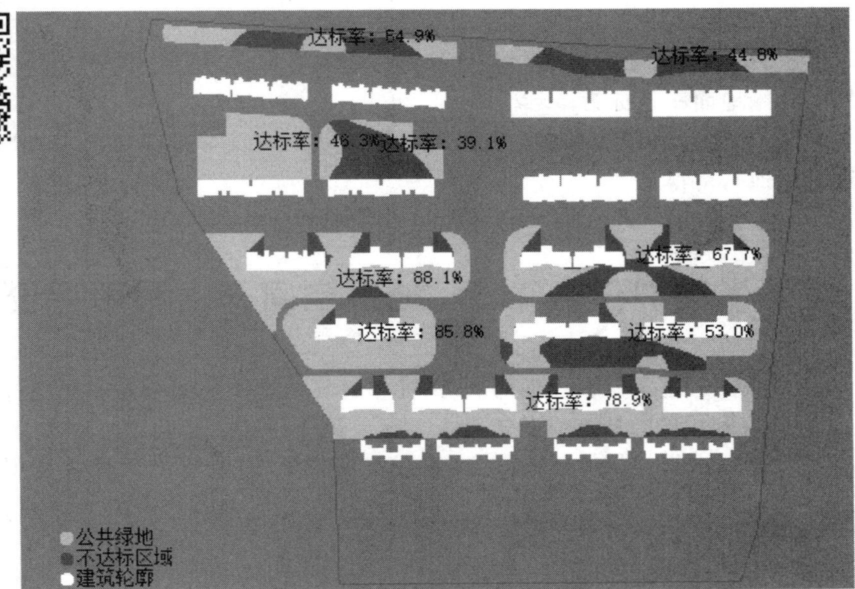

图 1-4 绿地日照达标图

表 1-8 公共绿地统计表

绿地编号	绿地面积 S/m^2	绿地面积是否 $\geqslant 400m^2$	绿地最小宽度 D 是否 $\geqslant 8m$	绿地至少应有一个边与相应级别的道路相邻	绿化面积不低于70%	绿地面积在标准的建筑日照阴影线范围之外比例/%	是否为公共绿地
1							
2							
3							
4							
5							
6							
7							
8							
9							
10							
11							
12							
13							
14							
15							
16							
17							
18							
19							
20							
21							
22							
公共绿地面积合计/m^2							

5. 分析结论

本项目为(□新建项目　□旧区改建),绿地率为________,可得________分;本项目人均公共绿地面积指标为________ m²,可得________分。

参照《绿色建筑评价标准》(GB/T 50378—2014)评分项第 4.2.2 条"场地内合理设置绿化用地",可得________分。

实训任务 1.3　地下空间开发利用评价

实训目的:通过本实训任务的训练,能够计算出地下空间开发利用指标,掌握绿色建筑地下空间开发利用的分析与评价方法。

实训要求:根据提供的任务信息,完成实训任务中"地下空间开发利用指标计算书(居住建筑)"。

学时安排:2 学时。

辅助工具:计算机辅助设计软件(CAD)、办公软件(Word、Excel)、计算机等。

1.3.1　实训指导

1. 评价标准

《绿色建筑评价标准》(GB/T 50378—2014)评分项第 4.2.3 条规定:合理开发利用地下空间,评价总分值为 6 分,按表 1-9 所示的规则评分。

表 1-9　地下空间开发利用评分规则

建筑类型	地下空间开发利用指标 R_r		得分
居住建筑	地下建筑面积与地上建筑面积的比率 R_r	$5\% \leqslant R_r < 15\%$	2
		$15\% \leqslant R_r < 25\%$	4
		$R_r \geqslant 25\%$	6
公共建筑	地下建筑面积与总用地面积之比 R_{P1} 地下一层建筑面积与总用地面积的比率 R_{P2}	$R_{P1} \geqslant 0.5$	3
		$R_{P1} \geqslant 0.7$ 且 $R_{P2} < 70\%$	6

2. 条文说明

开发利用地下空间是城市节约集约用地的重要措施之一。地下空间可作为车库、机房、公共服务设施、超市、储藏等空间,其开发利用应与地上建筑及其他相关城市空间紧密结合,统一规划,满足安全、卫生、便利等要求。

本条鼓励充分利用地下空间,但从雨水渗透及地下水补给,减少径流外排等生态环保要求出发,对于公共建筑地下一层建筑面积与总用地面积的比率作了适当限制。

1.3.2　实训任务一

根据图 1-5 所示 A 小区总平面图,该项目规划总用地面积 30992m²(约 46.49 亩),总建筑面积 138853m²,其中,地上建筑面积 72705m²,地下建筑面积 20217m²,对该项目的地下空间开发利用进行评价,并完成以下计算书中内容。

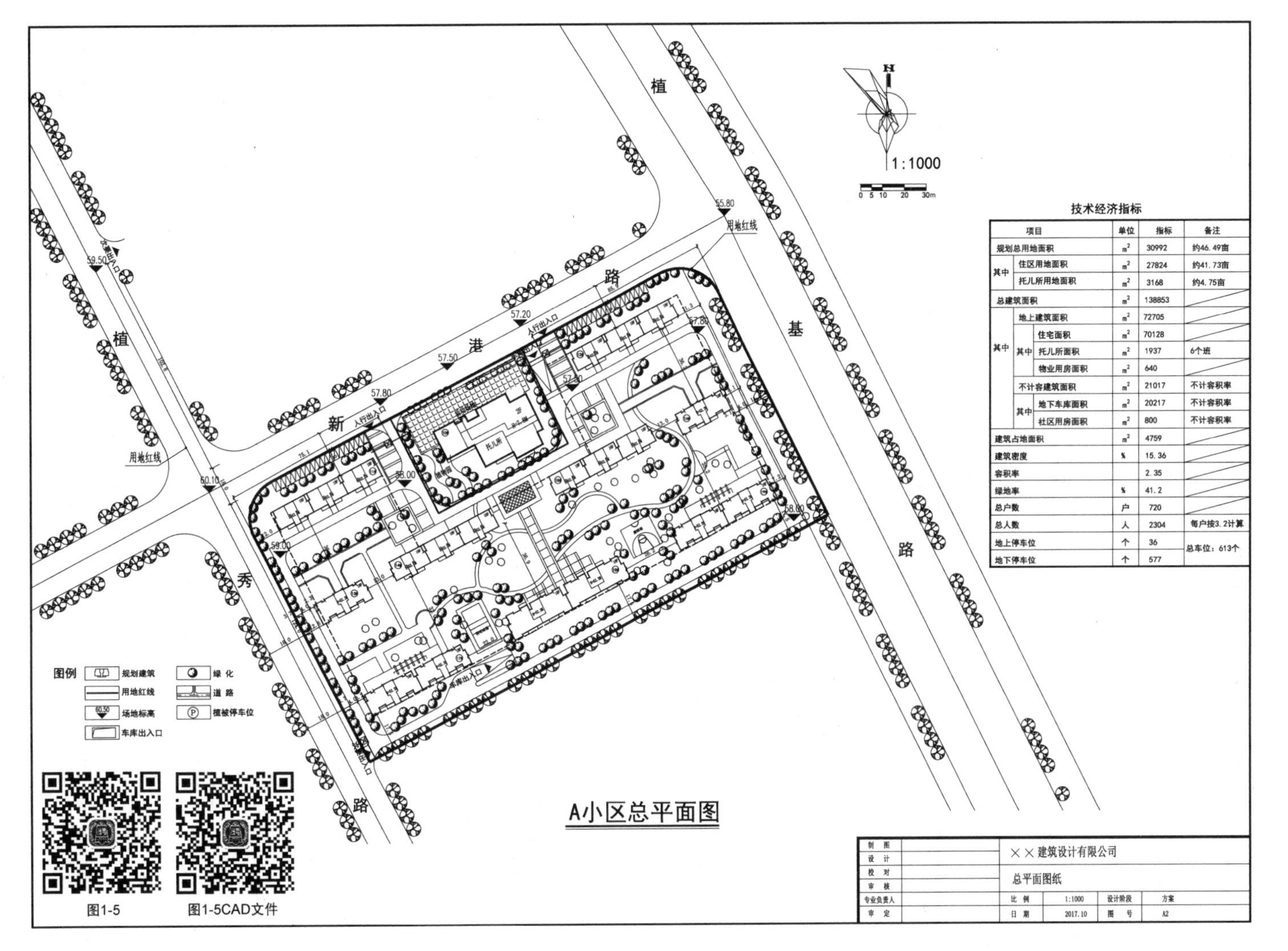
植
基
路
植
新
港
路
秀
路
1:1000
0 5 10 20 30m
技术经济指标
项目 单位 指标 备注
规划总用地面积 m2 30992 约46.49亩
其中 住区用地面积 m2 27824 约41.73亩
托儿所用地面积 m2 3168 约4.75亩
总建筑面积 m2 138853
地上建筑面积 m2 72705
住宅面积 m2 70128
其中 托儿所面积 m2 1937 6个班
物业用房面积 m2 640
不计容建筑面积 m2 21017 不计容积率
其中 地下车库面积 m2 20217 不计容积率
社区用房面积 m2 800 不计容积率
建筑占地面积 m2 4759
建筑密度 % 15.36
容积率 2.35
绿地率 % 41.2
总户数 户 720
总人数 人 2304 每户按3.2计算
地上停车位 个 36 总车位：613个
地下停车位 个 577
用地红线
55.80
57.20
57.50
57.80
57.80
58.00
58.60
59.00
59.50
60.10
人行出入口
托儿所
车库出入口
图例
规划建筑
用地红线
场地标高
车库出入口
绿化
道路
植被停车位
A小区总平面图
××建筑设计有限公司
总平面图纸
制图
设计
校对
审核
专业负责人
审定
比例 1:1000 设计阶段 方案
日期 2017.10 图号 A2
图1-5
图1-5CAD文件

图 1-5 A小区总平面图

地下空间开发利用指标计算书(居住建筑)

1. 项目概述

项目名称：________________________________

评价依据：《绿色建筑评价标准》(GB/T 50378—2014)评分项第4.2.3条规定："合理开发利用地下空间。"

评分细则：如表1-10所示。

表1-10 居住建筑地下空间开发利用评分规则

建筑类型	地下空间开发利用指标 R_r		得分
居住建筑	地下建筑面积与地上建筑面积的比率 R_r	$5\% \leqslant R_r < 15\%$	2
		$15\% \leqslant R_r < 25\%$	4
		$R_r \geqslant 25\%$	6

2. 计算过程

结合图1-5所示A小区总平面图经济指标，可知本项目地下建筑面积为________ m^2，地上建筑面积为________ m^2。经计算，本项目地下建筑面积与地上建筑面积的比率 R_r 为________，计算过程如下：

$R=$ ________________________________

____

3. 分析结论

综上所述，参照《绿色建筑评价标准》(GB/T 50378—2014)评分项第4.2.3条"合理开发利用地下空间"，可得________分。

1.3.3 实训任务二

某城市综合体建筑位于城市中心区域，该项目地上部分T1办公为200m超高层甲级办公综合楼，T2办公为100m高层甲级办公综合楼，T3办公为100m高层综合楼，裙房五层为商业餐饮部分；该项目地下部分为3层小型车车库、部分地下商业及设备用房，每层地下室建筑面积均为17766.54m^2。其主要经济技术指标如表1-11所示。

表1-11 经济技术指标表

序号	名　称	单　位	数　量
1	总用地面积	m^2	23100.00
2	总建筑面积	m^2	259463.08
2.1	地上总建筑面积	m^2	206163.46

续表

序号	名　称	单　位	数　量
其中	商业建筑面积	m^2	28290.00
	T1 办公建筑面积	m^2	104602.46
	T2 办公建筑面积	m^2	34430.00
	T3 公寓式办公建筑面积	m^2	37241.00
	物管用房	m^2	1100.00
	社区用房	m^2	500.00
2.2	地下总建筑面积	m^2	53299.62
其中	地下商业建筑面积(计容)	m^2	2290.72
	地下车库及设备用房建筑面积	m^2	51008.90

根据以上经济技术指标，对该项目的地下空间开发利用进行评价，并完成以下计算书中内容。

地下空间开发利用指标计算书(公共建筑)

1. 项目概述

项目名称：________________

评价依据：《绿色建筑评价标准》(GB/T 50378—2014)评分项第 4.2.3 条规定：合理开发利用地下空间。

评分细则：如表 1-12 所示。

表 1-12　公共建筑地下空间开发利用评分规则

建筑类型	地下空间开发利用指标 R_r		得分
公共建筑	地下建筑面积与总用地面积之比 R_{P1} 地下一层建筑面积与总用地面积的比率 R_{P2}	$R_{P1} \geqslant 0.5$	3
		$R_{P1} \geqslant 0.7$ 且 $R_{P2} < 70\%$	6

2. 计算过程

结合表 1-12 所示技术经济指标，可知本项目总用地面积为________ m^2，地下建筑面积为________ m^2，地下一层建筑面积为________ m^2。经计算，本项目地下建筑面积与总用地面积之比 R_{P1} 为________，地下一层建筑面积与总用地面积的比率 R_{P2} 为________，计算过程如下：

$R_{P1}=$ ________________

$R_{P2}=$ ________________

____

3. 分析结论

综上所述，参照《绿色建筑评价标准》(GB/T 50378—2014)评分项第 4.2.3 条“合理开发利用地下空间”，可得________分。

实训任务 1.4　环境噪声模拟分析

实训目的：通过本实训任务的训练，能够了解声环境功能分区及环境噪声限值的基本概念，掌握降低环境噪声的设计策略，运用环境噪声分析软件进行模拟分析，掌握绿色建筑室外环境噪声的分析与评价方法。

实训要求：根据提供的任务信息及电子图纸，利用斯维尔绿色建筑系列分析软件(建筑隔声 SIDU 2016)进行环境噪声分析，输出并打印"环境噪声模拟分析报告"1 份(格式为 A4 纸彩色打印)。

学时安排：4 学时。

辅助工具：计算机辅助设计软件(CAD)、斯维尔绿色建筑系列分析软件(建筑隔声 SIDU 2016)、办公软件(Word、Excel)、计算机等。

1.4.1　实训指导

1. 评价标准

《绿色建筑评价标准》(GB/T 50378—2014)评分项第 4.2.5 条规定："场地内噪声符合现行国家标准《声环境质量标准》(GB 3096—2016)的有关规定，评价分值为 4 分。"

2. 条文说明

1) 声环境功能区分类

根据国家标准《声环境质量标准》(GB 3096—2016)规定，按区域的使用功能特点和环境质量要求，声环境功能区分为以下五种类型。

0 类声环境功能区：指康复疗养区等特别需要安静的区域。

1 类声环境功能区：指以居民住宅、医疗卫生、文化教育、科研设计、行政办公为主要功能，需要保持安静的区域。

2 类声环境功能区：指以商业金融、集市贸易为主要功能，或者居住、商业、工业混杂，需要维护住宅安静的区域。

3 类声环境功能区：指以工业生产、仓储物流为主要功能，需要防止工业噪声对周围环境产生严重影响的区域。

4 类声环境功能区：指交通干线两侧一定距离之内，需要防止交通噪声对周围环境产生严重影响的区域，包括 4a 类和 4b 类两种类型。4a 类为高速公路、一级公路、二级公路、城市快速路、城市主干路、城市次干路、城市轨道交通(地面段)、内河航道两侧区域；4b 类为铁路干线两侧区域。

2) 环境噪声限值

以上各类声环境功能区的环境噪声等效声极限值，具体要求如表 1-13 所示。

表 1-13 环境噪声限值

声环境功能区类别＼时段		昼间/dB(A)	夜间/dB(A)
0类		50	40
1类		55	45
2类		60	50
3类		65	55
4类	4a类	70	55
	4b类	70	60

3）设计策略

具体的措施包括但不限于以下几点。

(1) 对场地周围的环境噪声情况进行调研，得出噪声现状的检测报告，并根据规划实施后的环境变化及其噪声状况的变化，对规划实施后的环境噪声做出预测，从而在规划中依照噪声的来源、分布，提出合理的防噪、降噪方案。

(2) 在总平面规划时，注意噪声源及噪声敏感建筑物的合理布局，不把噪声敏感性高的居住用建筑安排在临近交通干道的位置，同时确保不会受到固定噪声源的干扰。通过建筑朝向、定位及开口的布置，减弱所受外部环境噪声的影响。

(3) 采用适当的隔离或降噪措施，减少环境噪声干扰。例如，采取道路声屏障、低噪声路面、绿化降噪、限制重载车通行等隔离和降噪措施；对于可能产生噪声干扰的固定设备噪声源采取隔声和消声措施，降低其环境噪声。

3. 评价方式

本条适用于各类民用建筑的设计、运行评价。

设计评价审核环境噪声影响评估报告（含现场测试报告）、噪声预测分析报告。如果环评报告中包含噪声预测分析的相关内容，则可不单独提供噪声预测分析报告；如果没有现场预测结果、噪声预测值等，则需单独提供由第三方机构监测的噪声监测报告或噪声模拟计算文件。

运行评价在设计评价方法之外还应现场测试是否达到要求。

4. 软件操作流程

1）打开软件

在桌面上选择"建筑隔声 SIDU 2016"，双击打开软件。

2）打开图纸

单击下拉菜单栏中的"文件"按钮，打开项目总平面图纸。

3）单位设置

展开左侧菜单栏中的"条件图"，单击"单位设置"按钮，在命令栏中输入"0"或"1"，其中，0 代表单位设置为 mm，1 代表单位设置为 m，按空格键或回车键确定。

4）室外建模

(1) 建筑高度：展开左侧菜单栏中的"室外建模"，单击"建筑高度"按钮，选择闭合的建筑轮廓线，按空格键或回车键确定；然后，在命令栏中输入建筑高度数值，按空格键或回车键键确定；最后，在命令栏中输入建筑底标高"0"，输入空格键或回车键确定。

（2）建筑命名：展开左侧菜单栏中的"室外建模"，单击"建筑命名"按钮，在命令栏中输入"建筑名称（如10#）"，按空格键或回车键确定；选择闭合的建筑轮廓线，按空格键或回车键确定，再在图中单击标注位置。

（3）设置绿化：根据总平面的绿化带布置情况，绘制闭合的绿化带轮廓线；展开左侧菜单栏中的"室外建模"，单击"绿化带"按钮，在图中选择绿化带轮廓线，按空格键或回车键确定；然后，在命令栏中输入绿化带高度"1200"，按空格键或回车键确定；最后，在命令栏中输入绿化带底标高"0"，按空格键或回车键确定。

（4）设置声屏障：展开左侧菜单栏中的"室外建模"，单击"声屏障"按钮，在命令栏中输入声屏障高度"2500"（假设围墙高度为2.5m），接着在命令栏中输入声屏障底标高"0"，最后沿图中围墙基线绘制声屏障，按空格键或回车键确定。

（5）设置公路声源：展开左侧菜单栏中的"室外建模"，单击"公路声源"按钮，根据总平面图中设置公路名称、路名类型、路宽、车道数量、车道宽等参数，然后在命令栏中输入"s"，在图中选择道路基线，从而形成道路模型，最后按空格键或回车键确定。

5）室外噪声

（1）计算设置：展开左侧菜单栏中的"室外噪声"，单击"计算设置"按钮，进行计算参数设置。

（2）设置声功能区：展开左侧菜单栏中的"室外噪声"，单击"声功能区"按钮，根据场地属性设置该区域的声功能类型，并在命令栏中输入"S"，按选择区域方式设置声功能区域范围，然后在图中选择闭合的净用地范围红线，按空格键或回车键确定。

（3）噪声计算：展开左侧菜单栏中的"室外噪声"，单击"噪声计算"按钮，等待软件计算完成，单击"关闭"按钮，进入彩图分析界面，分别保存噪声分析的昼间轴测图、昼间平视图、夜间轴测图、夜间平视图。

（4）输出报告：展开左侧菜单栏中的"室外噪声"，单击"噪声报告"按钮，等待软件自动生成环境噪声分析报告，获取分析结果。

1.4.2 实训任务

某高级中学规划办学48个班，可招收学生2400人。本次新建建筑单体包括2栋普通教学楼、1栋图书行政综合楼、1栋实验楼、1栋报告厅、1栋学生食堂、2栋男女宿舍、1栋教职工周转房、1栋体艺楼和看台、门卫及地下室，其总平面布置图详见图1-6。

根据图1-6中二维码所提供的电子版图纸，利用软件进行场地内环境噪声模拟分析，输出环境噪声模拟分析报告1份，该报告应包含以下内容。

1. 项目概况

主要包括项目简介、参评建筑、星级目标、总平面图、效果图等基本信息。

2. 评价标准

主要包括以下评价标准。

《绿色建筑评价标准》（GB/T 50378—2014）。

《声环境质量标准》（GB 3096—2008）。

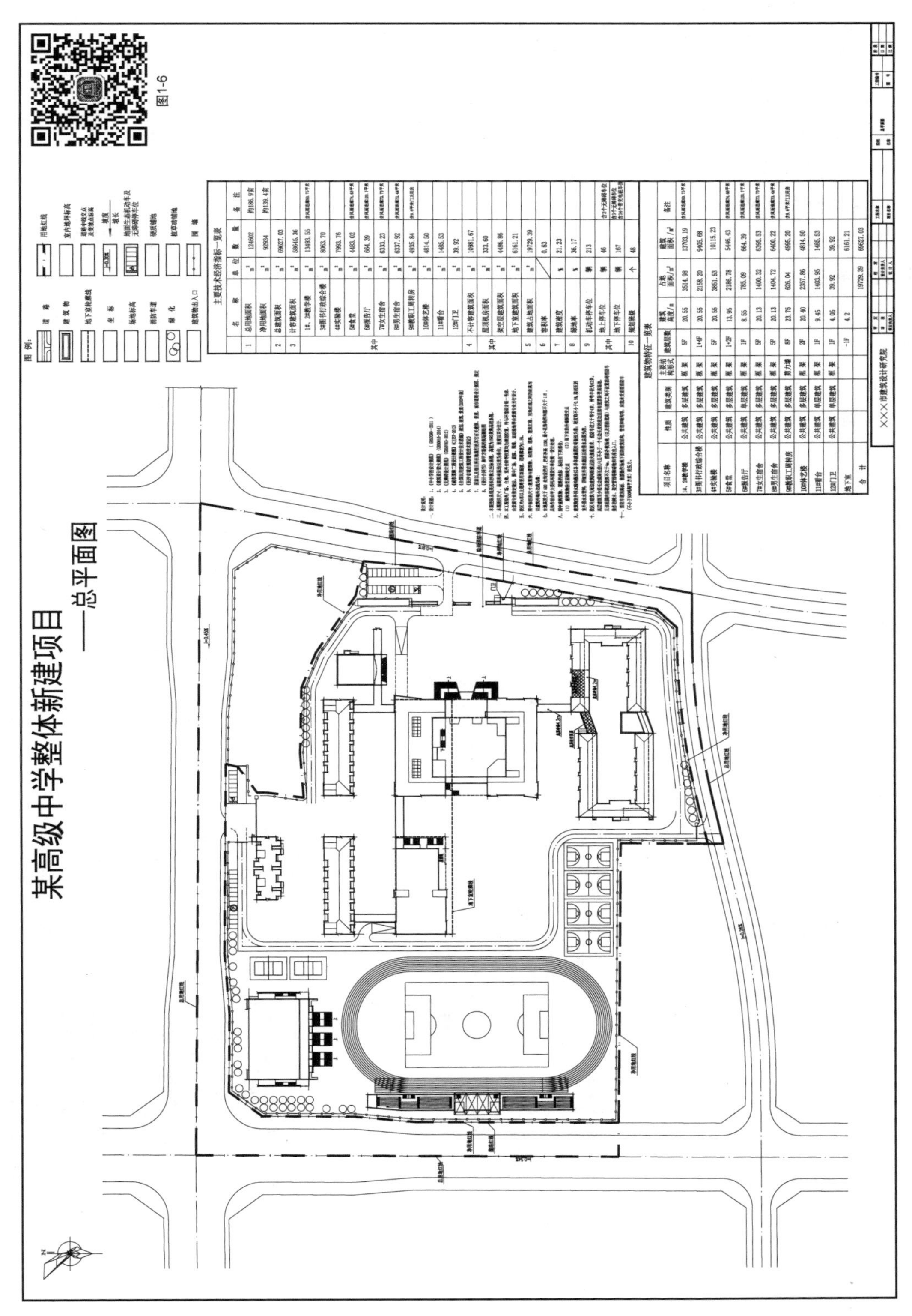

图 1-6 某高级中学整体新建项目——总平面图

《声环境功能区划分技术规范》(GB/T 15190—2014)。

《民用建筑隔声设计规范》(GB 50118—2010)。

其他相关规定、规范标准、技术章程等。

3. 模拟方法

主要包括模拟软件、分析模型、声功能区划分、计算条件、参数设置等参数介绍。

4. 模拟结果及分析

(1) 场地噪声分布图：场地 1.2m 高度处声压级分布图(昼间)、场地 1.2m 高度处声压级分布图(夜间)、场地噪声分布俯瞰图(昼间)、场地噪声分布俯瞰图(夜间)。

(2) 敏感建筑噪声分布图：参评建筑附近区域 1.2m 高度处声压级平面分布图(昼间/夜间)。

(3) 参评建筑达标统计表。

5. 结论

根据统计结果，判定项目场地内环境噪声是否符合现行国家标准《声环境质量标准》(GB 3096—2016)的有关规定。

1.4.3 成果示范

成果示范参照图 1-7。

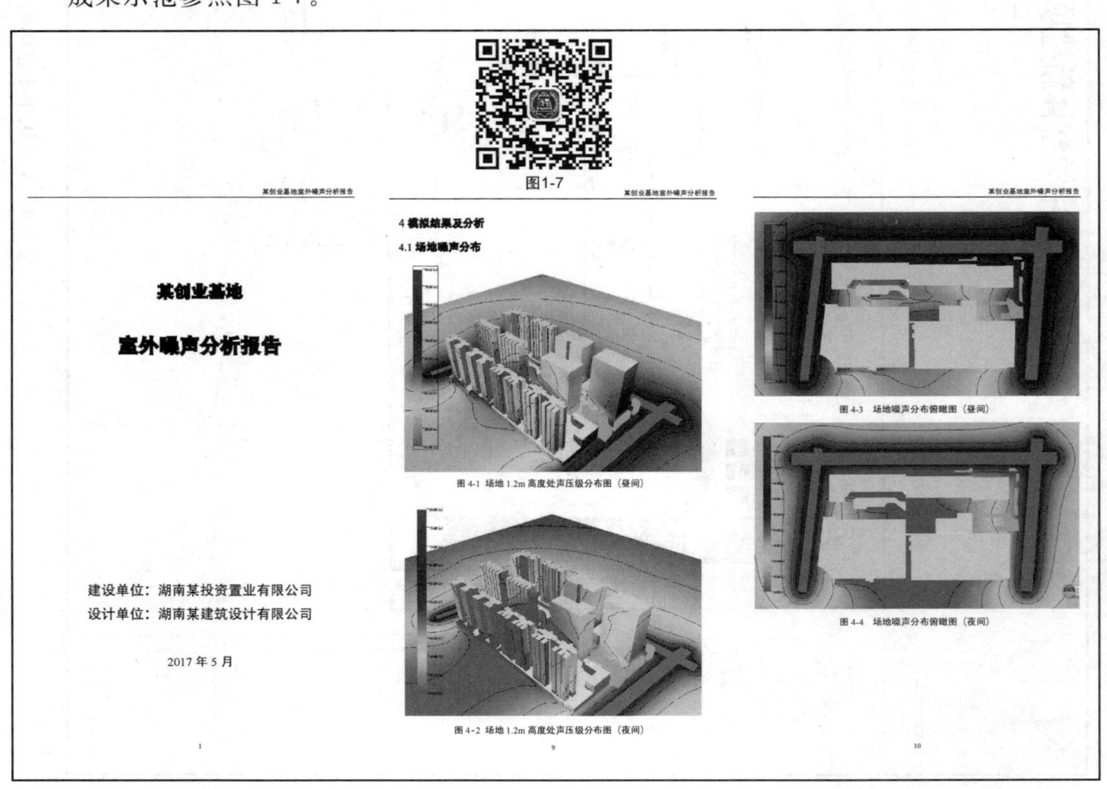

图 1-7 室外噪声分析报告

实训任务 1.5 室外风环境模拟分析

实训目的：通过本实训任务的训练，能够了解室外风环境的基本概念，掌握场地通风组织的设计策略，运用建筑通风分析软件进行模拟分析，掌握绿色建筑室外风环境的分析与评价方法。

实训要求：根据提供的任务信息及电子图纸，利用斯维尔绿色建筑系列分析软件（建筑通风 VENT 2016）进行室外风环境模拟分析，输出并打印“室外风环境模拟分析报告”1 份（格式为 A4 纸彩色打印）。

学时安排：4 学时。

辅助工具：计算机辅助设计软件（CAD）、斯维尔绿色建筑系列分析软件（建筑通风 VENT 2016）、办公软件（Word、Excel）、计算机等。

1.5.1 实训指导

1. 评价标准

根据《绿色建筑评价标准》（GB/T 50378—2014）评分项第 4.2.6 条规定：项目场地内风环境有利于室外行走、活动舒适和建筑的自然通风，评价总分值为 6 分，并按下列规则分别评分并累计。

（1）在冬季典型风速和风向条件下，按下列规则分别评分并累计。

① 建筑物周围人行区域风速小于 5m/s，且室外风速放大系数小于 2，得 2 分。

② 除迎风第一排建筑外，建筑迎风面与背风面表面风压差不大于 5Pa，得 1 分。

（2）过渡季节、夏季典型风速和风向条件下，按下列规则分别评分并累计。

① 场地内人活动区不出现涡旋或无风区，得 2 分。

② 50%以上可开启外窗室内外表面的风压差大于 1.5Pa，得 1 分。

2. 条文说明

1）专业术语

本条第（1）款第②项的表面风压差主要是指平均风压差；第（2）款第②项计算风压差时，室内压力默认为 0Pa，不需要单独模拟。

2）基本设置

室外风环境模拟的边界条件和基本设置需满足以下规定。

（1）计算区域：建筑迎风截面堵塞比（模型面积/迎风面计算区域截面积）小于 4%；以目标建筑（高度 H）为中心，半径 $5H$ 范围内为水平计算域。在来流方向，建筑前方距离计算区域边界要大于 $2H$，建筑后方距离计算区域边界要大于 $6H$。

（2）模型再现区域：目标建筑边界 H 范围内应以最大的细节要求再现。

（3）网格划分：建筑的每一边人行高度区 1.5m 或 2m 高度应划分 10 个网格或以上；重点观测区域要在地面以上第 3 个网格或更高的网格内。

（4）入口边界条件：入口风速的分布应符合梯度风规律。参考国内外标准以及我国研究成果，建议不同地貌情况下入口梯度风的指数 α 取值如表 1-14 所示。

表 1-14 大气边界层不同地貌的α值

类别	空旷平坦地面	城市郊区	大城市中心
α	0.14	0.22	0.28

(5) 地面边界条件：对于未考虑粗糙度的情况，采用指数关系式修正粗糙度带来的影响；对于实际建筑的几何再现，应采用适应实际地面条件的边界条件；对于光滑壁面应采用对数定律。

(6) 湍流模型：选择标准 κ-ε 模型。高精度要求时采用 Durbin 模型或 MMK 模型。

(7) 差分格式：避免采用一阶差分格式。

3) 输出结果

室外风环境模拟应得到以下输出结果。

(1) 不同季节、不同来流风速下，模拟得到场地内 1.5m 高处的风速分布。

(2) 不同季节、不同来流风速下，模拟得到冬季室外活动区的风速放大系数。

(3) 不同季节、不同来流风速下，模拟得到建筑首层及以上典型楼层迎风面与背风面(或主要开窗面)表面的压力分布。

4) 设计策略

根据有关研究结果，场地通风采取如下设计策略，可获得较好的效果。

(1) 冬季工况下，建筑物周围人行区 1.5m 高处风速低于 5.0m/s，且室外风速放大系数小于 2.0，人在室外行走、活动舒适。

(2) 从建筑物能耗角度来看，合理运用自然通风一般有两种目标：一是加强过渡季节、夏季的自然通风，以达到降温除湿的目的；二是对建筑进行冬季防风，以减少热损失。因此，对于中国大部分地区而言，常常需要实现两种目标：一是在过渡季节、夏季加强建筑自然通风；二是在冬季对建筑进行合理防风。研究结果表明，冬季工况下，建筑迎风面与背风面表面风压差不大于 5Pa，有利于冬季建筑防风；夏季工况下，可开启外窗室内外表面的风压差大于 1.5Pa，有利于实现建筑内部自然通风。

(3) 场地通风不畅会严重阻碍空气流动，不利于室外散热和污染物消散，因此需尽量避免场地某些区域形成无风区和涡旋区。

3. 评价方式

设计评价查阅相关设计文件、风环境模拟计算报告。

运行评价查阅相关竣工图、风环境模拟计算报告，并现场核查是否全部按照设计要求进行施工。必要时，可进行现场实测验证是否符合设计要求。

4. 软件操作流程

1) 打开软件

在桌面上选择“建筑通风 VENT 2016”，双击打开软件。

2) 打开图纸

单击下拉菜单栏中的“文件”按钮，打开项目总平面图纸。

3) 总图建模

(1) 单位设置：展开左侧菜单栏中的“室外总图”，单击“单位设置”按钮，在命令栏中输入“0”或“1”(0 代表单位设置为 mm，1 代表单位设置为 m)，按空格键或回车键确定。

(2) 建总图框：展开左侧菜单栏中的“室外总图”，单击“建总图框”按钮，在图纸中绘制矩形总图框，待分析的场地必须置于总图框内。

(3) 建筑红线：展开左侧菜单栏中的“室外总图”，单击“建筑红线”按钮，选择总图中的建筑红线(必须是闭合的 PL 线)，按空格键或回车键确定。

(4) 迎风建筑：展开左侧菜单栏中的“室外总图”，单击“迎风建筑”按钮，选择总图中迎风建筑的外轮廓线(冬季、夏季和过渡季节因主导风向的不同，迎风建筑也不同)，按空格键或回车键确定。

(5) 建筑高度：展开左侧菜单栏中的“室外总图”，单击“建筑高度”按钮，选择总图中各单体建筑的基底外轮廓线，按空格键或回车键确定，在命令行中输入该栋单体建筑的高度，按空格键或回车键确定，在命令栏中输入建筑底标高“0”，按空格键或回车键确定。

(6) 模型观察：展开左侧菜单栏中的“检查”，单击“模型观察”按钮，检查模型是否与总平面图纸相符，如不一致，调整模型。

4) 参数设置

(1) 工程设置：展开左侧菜单栏中的“设置”，单击“工程设置”按钮，设置本工程的建设地点、名称、建设单位、设计单位及项目概况等内容。

(2) 水平剖面：展开左侧菜单栏中的“设置”，单击“水平剖面”按钮，设置模拟风场的水平高度，一般取距地 1.5m 高位置。

5) 计算分析

(1) 展开左侧菜单栏中的“计算分析”，单击“室外风场”按钮，确定选择目标建筑群的方法，单击“确定”按钮，框选总图中所有的建筑单体模型，按空格键或回车键确定。

(2) 在弹出的对话框中设置入口风速度及来风方向，并根据需要选择计算精度——粗略、一般、精细，单击“确定”按钮。

(3) 自动进行场地风环境模拟分析，包括划分网格、迭代计算两个部分，软件计算完毕后弹出对话框，单击“计算结果”按钮。按照此步骤依次完成冬季工况(风向 122.5°、风速 2.8m/s)、夏季工况(风向 270°、风速 3.0m/s)、过渡季节工况(风向 135°、风速 3.7m/s)的室外风环境模拟。

(4) 对室外风流场、风速、风速放大系数及风压模拟结果进行截图并保存，分别完成冬季、夏季及过渡季节三个工况下的截图。

(5) 展开左侧菜单栏中的“计算分析”，单击“结果管理”按钮，按住 Shift 键，依次选中冬季、夏季和过渡季节工况下的模拟结果，输出报告。

1.5.2 实训任务

某高级中学规划办学 48 个班，可招收学生 2400 人。本次新建建筑单体包括 2 栋普通教学楼、1 栋图书行政综合楼、1 栋实验楼、1 栋报告厅、1 栋学生食堂、2 栋学生宿舍、1 栋教职工周转房、1 栋体艺楼和看台、门卫及地下室，其总平面布置图详见图 1-8。

扫描图 1-8 中二维码下载电子版图纸，利用软件进行场地室外风环境模拟分析，输出室外风环境模拟分析报告 1 份，该报告应包含以下内容。

1. 项目概况

主要包括项目简介、参评建筑、星级目标、总平面图、效果图、风环境概述、参考依据、评价说明等基本信息。

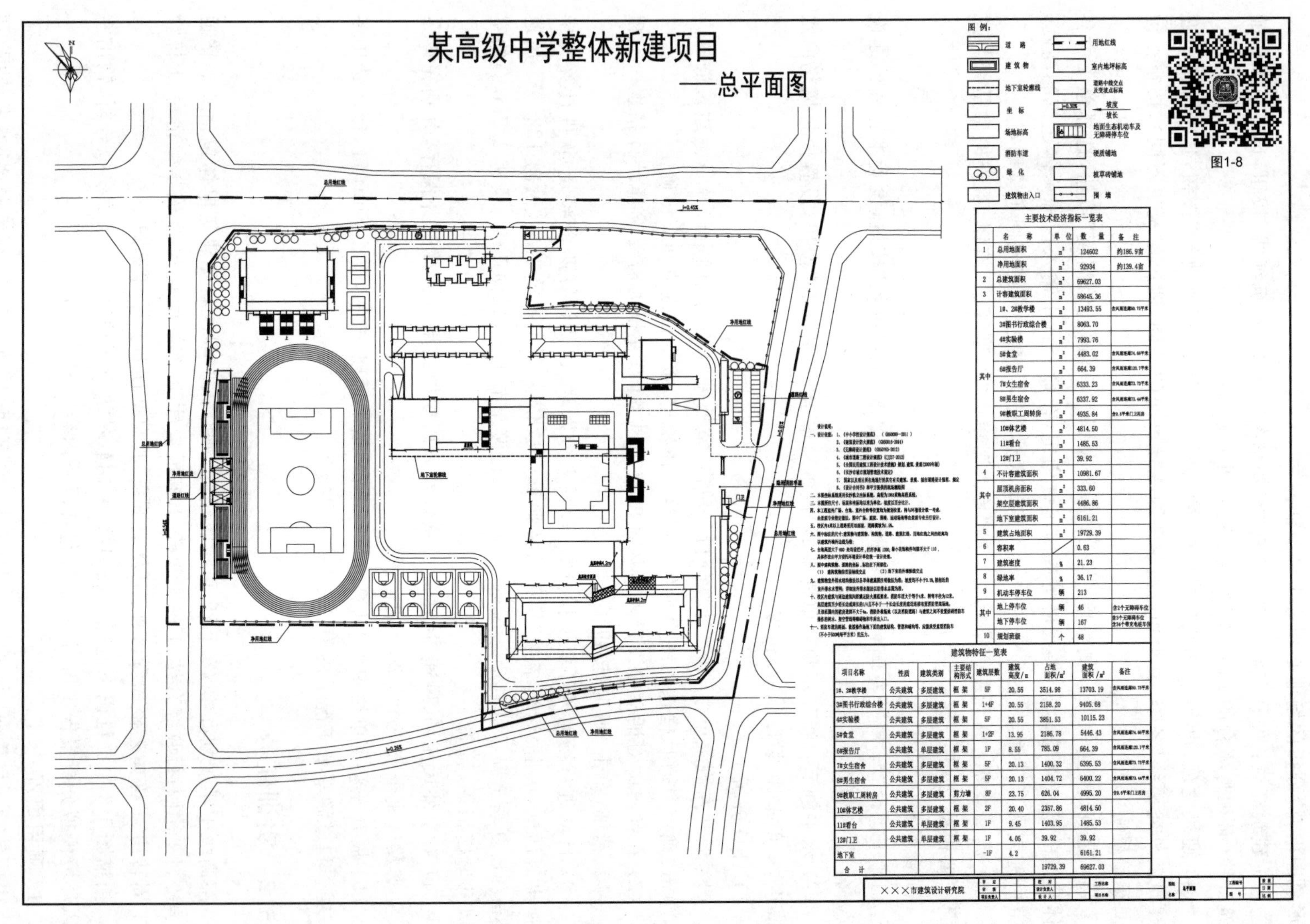

主要技术经济指标一览表

	名称	单位	数量	备注
1	总用地面积	m^2	124602	约186.9亩
	净用地面积	m^2	92934	约139.4亩
2	总建筑面积	m^2	69627.03	
3	计容建筑面积	m^2	58645.36	
其中	1#、2#教学楼	m^2	13493.55	含风雨连廊60.75平米
	3#图书行政综合楼	m^2	8063.70	
	4#实验楼	m^2	7993.76	
	5#食堂	m^2	4483.02	含风雨连廊74.60平米
	6#报告厅	m^2	664.39	含风雨连廊120.7平米
	7#女生宿舍	m^2	6333.23	含风雨连廊73.73平米
	8#男生宿舍	m^2	6337.92	含风雨连廊73.44平米
	9#教职工周转房	m^2	4935.84	含9.6平米门卫用房
	10#体艺楼	m^2	4814.50	
	11#看台	m^2	1485.53	
	12#门卫	m^2	39.92	
4	不计容建筑面积	m^2	10981.67	
其中	屋顶机房面积	m^2	333.60	
	架空层建筑面积	m^2	4486.86	
	地下室建筑面积	m^2	6161.21	
5	建筑占地面积	m^2	19729.39	
6	容积率		0.63	
7	建筑密度	%	21.23	
8	绿地率	%	36.17	
9	机动车停车位	辆	213	
其中	地上停车位	辆	46	含2个无障碍车位
	地下停车位	辆	167	含3个无障碍车位 含34个带充电桩车位
10	规划班级	个	48	

建筑物特征一览表

项目名称	性质	建筑类别	主要结构形式	建筑层数	建筑高度/m	占地面积/m^2	建筑面积/m^2	备注
1#、2#教学楼	公共建筑	多层建筑	框架	5F	20.55	3514.98	13703.19	含风雨连廊60.75平米
3#图书行政综合楼	公共建筑	多层建筑	框架	1+4F	20.55	2158.20	9405.68	
4#实验楼	公共建筑	多层建筑	框架	5F	20.55	3851.53	10115.23	
5#食堂	公共建筑	多层建筑	框架	1+2F	13.95	2186.78	5446.43	含风雨连廊74.60平米
6#报告厅	公共建筑	单层建筑	框架	1F	8.55	785.09	664.39	含风雨连廊120.7平米
7#女生宿舍	公共建筑	多层建筑	框架	5F	20.13	1400.32	6395.53	含风雨连廊73.73平米
8#男生宿舍	公共建筑	多层建筑	框架	5F	20.13	1404.72	6400.22	含风雨连廊73.44平米
9#教职工周转房	公共建筑	多层建筑	剪力墙	8F	23.75	626.04	4995.20	含9.6平米门卫用房
10#体艺楼	公共建筑	多层建筑	框架	2F	20.40	2357.86	4814.50	
11#看台	公共建筑	单层建筑	框架	1F	9.45	1403.95	1485.53	
12#门卫	公共建筑	单层建筑	框架	1F	4.05	39.92	39.92	
地下室				-1F	4.2		6161.21	
合计						19729.39	69627.03	

图 1-8 某高级中学整体新建项目——总平面图

2. 技术路线

主要包括分析方法、湍流模型、几何模型、参数设置、气候状况、模拟工况等参数介绍。

3. 模拟结果及分析

在冬季工况、夏季工况和过渡季节工况下，场地 1.5m 位置的流场、风速和风压模拟分析图及分析内容。

4. 结论

根据各工况的模拟结果，参照《绿色建筑评价标准》(GB/T 50378—2014)评分项第 4.2.6 条内容，对该项目场地风环境进行评价与总结。

1.5.3 成果示范

成果示范参照图 1-9。

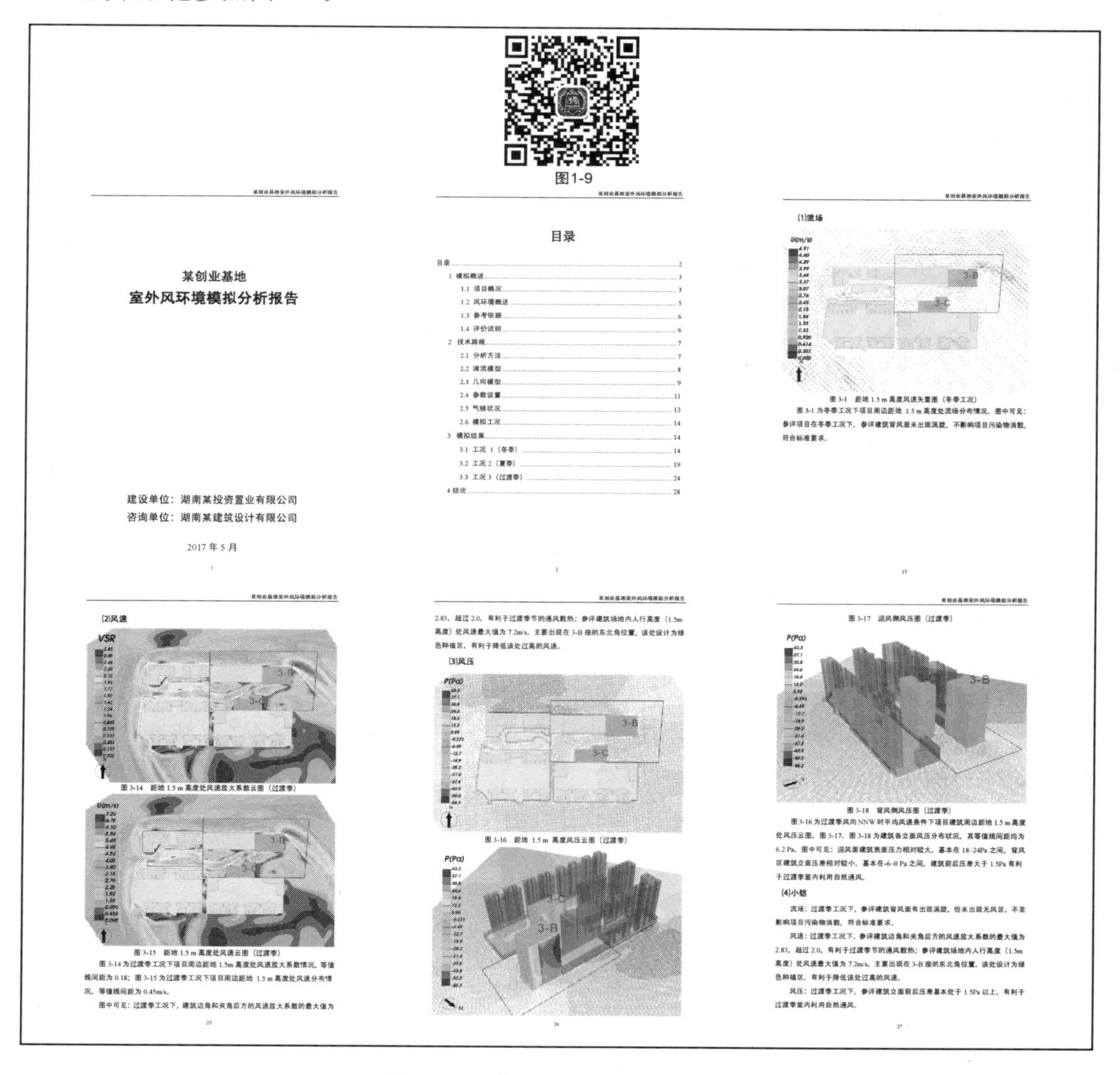

某创业基地室外风环境模拟分析报告

某创业基地
室外风环境模拟分析报告

建设单位：湖南某投资置业有限公司
咨询单位：湖南某建筑设计有限公司

2017 年 5 月

1

某创业基地室外风环境模拟分析报告

目录

2

某创业基地室外风环境模拟分析报告

(1)流场

图 3-1　距地 1.5 m 高度风速矢量图（冬季工况）

图 3-1 为冬季工况下项目周边距地 1.5 m 高度处流场分布情况。图中可见：参评项目在冬季工况下，参评建筑背风面未出现涡旋，不影响项目污染物消散，符合标准要求。

15

某创业基地室外风环境模拟分析报告

(2)风速

图 3-14　距地 1.5 m 高度处风速放大系数云图（过渡季）

图 3-15　距地 1.5 m 高度处风速云图（过渡季）

图 3-14 为过渡季工况下项目周边距地 1.5m 高度处风速放大系数情况，等值线间距为 0.18；图 3-15 为过渡季工况下项目周边距地 1.5 m 高度处风速分布情况，等值线间距为 0.45m/s。

图中可见：过渡季工况下，建筑边角和夹角后方的风速放大系数的最大值为

25

某创业基地室外风环境模拟分析报告

2.83，超过 2.0，有利于过渡季节的通风散热；参评建筑场地内人行高度（1.5m 高度）处风速最大值为 7.2m/s，主要出现在 3-B 座的东北角位置，该处设计为绿色种植区，有利于降低该处过高的风速。

(3)风压

图 3-16　距地 1.5 m 高度风压云图（过渡季）

26

某创业基地室外风环境模拟分析报告

图 3-17　迎风侧风压图（过渡季）

图 3-18　背风侧风压图（过渡季）

图 3-16 为过渡季风向 NNW 时平均风速条件下项目建筑周边距地 1.5 m 高度处风压云图，图 3-17、图 3-18 为建筑各立面风压分布状况，其等值线间距均为 6.2 Pa。图中可见：迎风面建筑表面压力相对较大，基本在 18~24Pa 之间，背风区建筑立面压差相对较小，基本在-6~0 Pa 之间，建筑前后压差大于 1.5Pa 有利于过渡季室内利用自然通风。

(4)小结

流场：过渡季工况下，参评建筑背风面有出现涡旋，但未出现无风区，不至影响项目污染物消散，符合标准要求。

风速：过渡季工况下，参评建筑边角和夹角后方的风速放大系数的最大值为 2.83，超过 2.0，有利于过渡季节的通风散热；参评建筑场地内人行高度（1.5m 高度）处风速最大值为 7.2m/s，主要出现在 3-B 座的东北角位置，该处设计为绿色种植区，有利于降低该处过高的风速。

风压：过渡季工况下，参评建筑立面前后压差基本处于 1.5Pa 以上，有利于过渡季室内利用自然通风。

27

图 1-9　室外风环境模拟分析报告

实训任务1.6　热岛强度评价

实训目的：通过本实训任务的训练，能够熟悉降低热岛强度的措施，运用绿建设计软件、日照分析软件进行统计分析，掌握绿色建筑热岛强度的分析与评价方法。

实训要求：根据提供的任务信息，完成实训任务中“户外活动场地遮阴面积比例计算书”。

学时安排：2学时。

辅助工具：计算机辅助设计软件(CAD)、斯维尔绿色建筑系列分析软件(绿建设计软件、日照分析软件)、办公软件(Word、Excel)、计算机等。

1.6.1　实训指导

1. 评价标准

根据《绿色建筑评价标准》(GB/T 50378—2014)评分项第4.2.7条规定：采取措施降低热岛强度，评价总分值为4分，并按下列规则分别评分并累计。

(1) 红线范围内户外活动场地乔木、构筑物等遮阴措施的面积达到10%，得1分；达到20%，得2分。

(2) 超过70%的道路路面、建筑屋面的太阳辐射反射系数不小于0.4，得2分。

2. 条文分析

户外活动场地：包括步道、庭院、广场、游憩场和停车场。

遮阴措施：绿化遮阴、构筑物遮阴、建筑日照投影遮阴。

建筑日照投影遮阴面积：按照夏至日8:00—16:00内有4h处于建筑阴影区域的户外活动场地面积计算。

乔木投影面积：按照树冠计算，设计时按照20年或以上的成活乔木计算其树冠。

构筑物遮阴面积：对于首层架空构筑物，架空空间如果是活动空间，可计算在内。

3. 评价方式

设计评价查阅室外景观总平图、乔木种植平面图、构筑物设计详图、户外活动场地遮阴面积比例计算书。

运行评价在设计评价方法之外，还应核实各项设计措施的实施情况，审核建筑屋面、道路表面建材的太阳辐射反射系数测试报告。

1.6.2　实训任务

某小区项目地上共2栋31～32层的住宅、1栋2层物管用房，地下室平时为小型车停车库，战时地下2层局部为人防工程。根据下文提供的信息，完成下列计算书中的内容。

户外活动场地遮阴面积比例计算书

1. 项目概述

项目名称：________________________________

评价依据：《绿色建筑评价标准》(GB/T 50378—2014)评分项第 4.2.7 条“采取措施降低热岛强度”。

评分细则：

(1) 红线范围内户外活动场地乔木、构筑物等遮阴措施的面积达到 10%，得 1 分；达到 20%，得 2 分。

(2) 超过 70%的道路路面、建筑屋面的太阳辐射反射系数不小于 0.4，得 2 分。

2. 概念与要求

户外活动场地主要包括步道、庭院、广场、游憩场和停车场。户外活动场地可采取遮阴措施主要为绿化遮阴、构筑物遮阴、建筑日照投影遮阴。其中，建筑日照投影遮阴面积按照夏至日 8:00—16:00 内有 4h 处于建筑阴影区域的户外活动场地面积计算；乔木投影面积按照树冠计算，设计时按照 20 年或以上的成活乔木计算其树冠；对于首层架空构筑物，架空空间如果是活动空间，可算作构筑物遮阴面积。

3. 计算过程

利用斯维尔绿色建筑系列分析软件(绿色建筑设计软件)，对景观总平面中的步道、庭院、广场、游憩场和停车场等户外活动场地面积进行统计，并对户外活动场地中的乔木、构筑物遮阴面积进行统计，其结果如图 1-10～图 1-12 及表 1-16 所示。

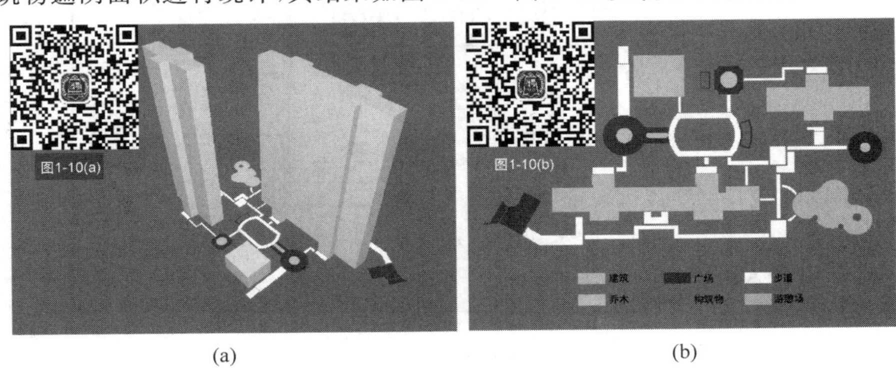

(a)　　(b)

图 1-10　户外活动场地区域示意图

利用绿色建筑斯维尔系列软件(日照分析软件)，对建筑日照投影遮阴区域进行统计，并计算出在夏至日 8:00—16:00 内有 4h 处于建筑阴影区域的户外活动场地面积，其计算结果如图 1-11 及表 1-15 所示。

4. 分析结论

综上所述，本项目户外活动场地遮阴面积比例为________%，参照《绿色建筑评价标准》(GB/T 50378—2014)评分项第 4.2.7 条“采取措施降低热岛强度”，可得________分。

图 1-11　场地日照区域分析图(夏至日 8:00—16:00)

图 1-12　处于建筑阴影区域的户外活动场地区域示意图

表 1-15　户外活动场地遮阴面积比例计算表

序号	名　称	户外活动场地面积/m^2	乔木投影面积/m^2	构筑物遮阴面积/m^2	建筑日照投影遮阴面积/m^2	遮阴率
1	步道	763	0	0	70	
2	广场	605	42	48	38	
3	户外游憩场	333	0	16	10	
4	架空层	526	0	526	0	
5	合　计	2227	42	590	118	

实训任务 1.7 绿色雨水设施评价

实训目的：通过本实训任务的训练，能够了解下凹式绿地、雨水花园、雨水塘等绿色雨水基础设施，了解透水铺装的构造做法与材料应用，熟练计算蓄水体比例和透水铺装比例，掌握绿色建筑绿色雨水设施的分析与评价方法。

实训要求：根据提供的任务信息，完成“有雨水调蓄功能绿地和水体面积比例计算书”和“透水铺装比例计算书”。

学时安排：2 学时。

辅助工具：计算机辅助设计软件(CAD)、办公软件(Word、Excel)、计算机等。

1.7.1 实训指导

1. 评价标准

根据《绿色建筑评价标准》(GB/T 50378—2014)评分项第 4.2.13 条规定：充分利用场地空间合理设置绿色雨水基础设施，对大于 $10hm^2$ 的场地进行雨水专项规划设计，评价总分值为 9 分，并按下列规则分别评分并累计。

(1) 下凹式绿地、雨水花园等有调蓄雨水功能的绿地和水体的面积之和占绿地面积的比例达到 30%，得 3 分。

(2) 合理衔接和引导屋面雨水、道路雨水进入地面生态设施，并采取相应的径流污染控制措施，得 3 分。

(3) 硬质铺装地面中透水铺装面积的比例达到 50%，得 3 分。

2. 条文说明

绿色雨水基础设施主要有雨水花园、下凹式绿地、植被浅沟、雨水截流设施、渗透设施、雨水塘、雨水湿地、景观水体、多功能调蓄设施等。

硬质铺装地面是指场地中停车场、道路和室外活动场地等，不包括建筑占地(屋面)、绿地、水面等。透水铺装地面的基层应采用强度高、透水性能良好、水稳定性好的透水材料。根据地面使用功能不同，宜采用级配碎石或透水混凝土。

3. 评价方式

设计评价查阅地形图、场地规划设计文件、施工图文件(含总图、景观设计图、室外给排水总平面图、计算书等)、场地雨水综合利用方案或雨水专项规划设计。具体评价时，申报材料中应提供场地铺装图，要求标明室外透水铺装地面位置、面积、铺装材料。

运行评价在设计评价内容之外，还应现场核查设计要求的实施情况。

1.7.2 实训任务一

根据某新建学校总平面图纸，该项目用地范围内的绿地面积为 $19037.32m^3$，其中，下凹式绿地面积及设置如图 1-13 所示，对该项目的有雨水调蓄功能绿地和水体面积比例进行计算，并完成以下计算书中内容。

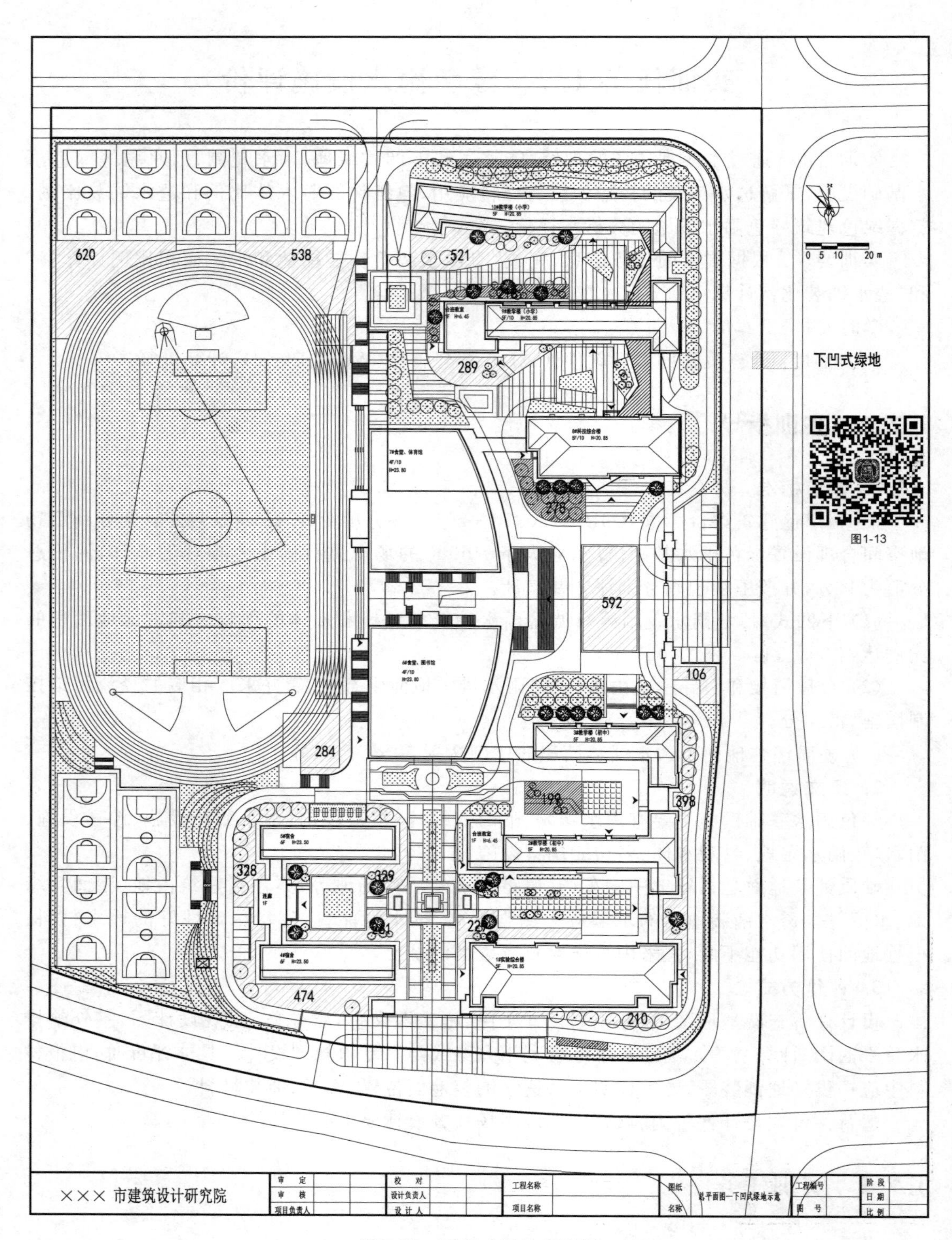

图 1-13 下凹式绿地布置图

有雨水调蓄功能绿地和水体面积比例计算书

1. 项目概述

项目名称：________________

评价依据：《绿色建筑评价标准》(GB/T 50378—2014)评分项第4.2.7条“充分利用场地空间合理设置绿色雨水基础设施”。

评分细则：下凹式绿地、雨水花园等有调蓄雨水功能的绿地和水体的面积之和占绿地面积的比例达到30%，得3分。

2. 概念与要求

有雨水调蓄功能的雨水设施主要有雨水花园、下凹式绿地、植被浅沟、雨水截流设施、渗透设施、雨水塘、雨水湿地、景观水体、多功能调蓄设施等。

其中，下凹式绿地是一种高程低于周围路面100～200mm的绿地，也称低势绿地，其具备补充地下水、调节径流和滞洪以及削减径流污染物的作用；尤其在下雨天，下凹式绿地可以减缓水流速度，延长蓄存时间，形成一个天然的“蓄水池”。一般来说，低势绿地对下凹深度有一定要求，而且其土质多未经改良建设，成本与常规绿地相近，其内部植物多以本土草本为主，在美化城市环境的同时，还可以起到调蓄雨水的功能。

3. 有雨水调蓄功能绿地和水体面积比例计算

根据总平面图，本项目用地范围内的绿地面积为________m^2，其中，下凹式绿地面积为________m^2，比例计算如表1-16所示。

表1-16　有雨水调蓄功能绿地和水体面积比例计算表

有雨水调蓄功能绿地和水体	面　积
下凹式绿地/m^2	
水体/m^2	
绿地总面积/m^2	
有雨水调蓄功能绿地和水体面积比例/%	

4. 分析结论

综上所述，本项目有雨水调蓄功能绿地和水体面积比例为________%，参照《绿色建筑评价标准》(GB/T 50378—2014)评分项第4.2.7条“充分利用场地空间合理设置绿色雨水基础设施”，可得________分。

1.7.3　实训任务二

根据某新建学校总平面图，该项目用地范围内的透水铺装如图1-14所示，对该项目的透水铺装比例进行计算，并完成以下计算书中内容。

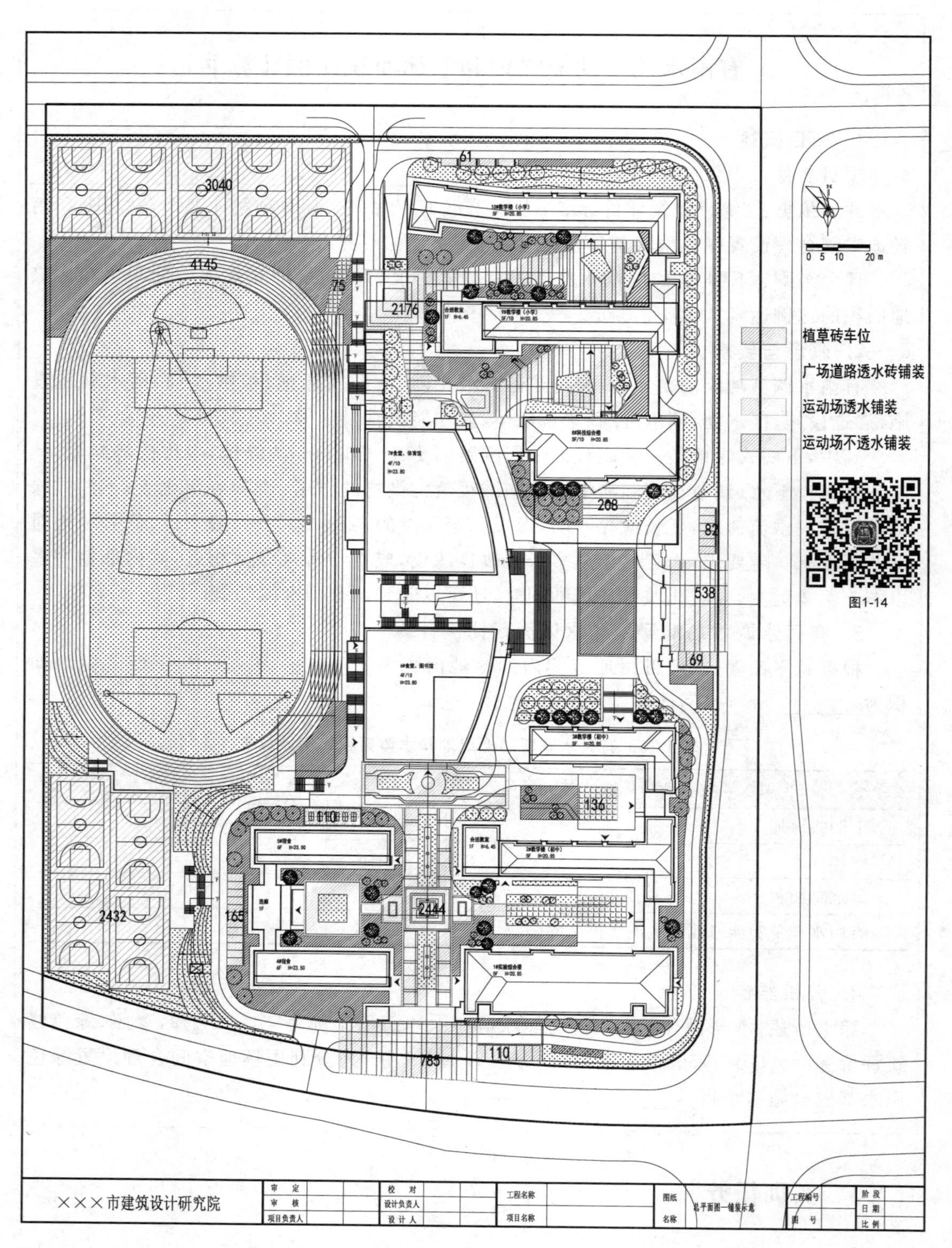

图 1-14　透水铺装布置图

透水铺装比例计算书

1. 项目概述

项目名称：________________________________

评价依据：《绿色建筑评价标准》(GB/T 50378—2014)评分项第4.2.7条"充分利用场地空间合理设置绿色雨水基础设施"。

评分细则：硬质铺装地面中透水铺装面积的比例达到50%，得3分。

2. 概念与要求

硬质铺装地面是指场地中停车场、道路和室外活动场地等，不包括建筑占地(屋面)、绿地、水面等。透水铺装地面的基层应采用强度高、透水性能良好、水稳定性好的透水材料。根据地面使用功能不同，宜采用级配碎石或透水混凝土。

3. 透水铺装比例计算

根据图1-14，对透水铺装面积进行统计，并计算其所占比例，如表1-17所示。

表1-17　除机动车道外其他硬质铺装地面透水铺装比例计算表

序号	铺装区域	面积
1	透水铺装/m^2	
1.1	植草砖停车位/m^2	
1.2	塑胶跑道透水地面/m^2	
1.3	广场道路透水砖地面/m^2	
2	不透水铺装/m^2	5472
2.1	运动场不透水地面/m^2	5472
2.2	其他不透水地面/m^2	0
3	硬质铺装地面总面积/m^2	
4	透水铺装比例/%	

4. 分析结论

综上所述，本项目除机动车道外其他硬质铺装地面透水铺装比例为________%，参照《绿色建筑评价标准》(GB/T 50378—2014)评分项第4.2.7条"充分利用场地空间合理设置绿色雨水基础设施"，可得________分。

模块2 节能与能源利用

实训任务2.1 围护结构节能计算

实训目的：通过本实训任务的训练，能够了解与建筑围护结构有关的体形系数、窗墙比等基本概念，熟练运用节能软件进行围护结构节能计算，掌握绿色建筑围护结构节能的分析与评价方法。

实训要求：根据提供的任务信息及电子图纸，利用斯维尔绿色建筑系列分析软件（建筑节能 BECS 2016）进行建筑节能分析，输出并打印“节能报告”1份（格式为A4纸彩色打印）。

学时安排：8学时。

辅助工具：计算机辅助设计软件（CAD）、斯维尔绿色建筑系列分析软件（建筑节能 BECS 2016）、办公软件（Word、Excel）、计算机等。

2.1.1 实训指导

1. 评价标准

根据《绿色建筑评价标准》（GB/T 50378—2014）控制项第5.1.1条“建筑设计应符合国家现行相关建筑节能设计标准中强制性条文的规定”。

2. 专业术语

(1) 体形系数：指建筑外围护结构的外表面积与其包围的体积的比值，外表面积中，不包括地面和不采暖楼梯间隔墙和户门的面积，不包括女儿墙，也不包括屋面层的楼梯间与设备用房等的墙体。突出墙面的构件如空调板在计算时忽略掉，按完整的墙体计算即可。体形系数体现的是单位体积的传热面积大小，控制建筑单位体积的传热面积是降低北方建筑采暖能耗的有效手段。

(2) 窗墙面积比：指外窗面积与外墙面积（包括洞口面积）的比值。外窗是建筑耗能的薄弱环节，节能标准中对各个朝向的窗墙比都有明确的限制要求。

(3) 围护结构传热系数：指围护结构两侧空气温差为1℃，在单位时间内单位面积围护结构的传热量为围护结构传热系数。传热系数不仅和材料有关，还和具体的过程有关。传热系数以前称总传热系数。国家现行标准规范统一称为传热系数。

（4）太阳能得热系数：也称太阳能总透射比，是通过玻璃、门窗或玻璃幕墙构件成为室内得热量的太阳辐射部分与投射到玻璃、门窗或玻璃幕墙构建上的太阳辐射照度的比值。

3. 工程设置

工程设置就是设定当前建筑项目的地理位置（气象数据）、建筑类型、节能标准和能耗种类等计算条件。“工程设置”对话框由“工程信息”和“其他设置”两个界面组成。

“工程信息”界面设置一些基本信息，其具体设置项介绍如下。

（1）地理位置：工程所在地点，本项决定了工程的气象参数。

（2）建筑类型：确定建筑物是居住建筑还是公共建筑。

（3）标准选用：根据工程所在城市和建筑类型，选择本工程所采用的节能标准和细则。

（4）气象数据：只有调用了 Doe.2 进行能耗计算时，才需指定气象数据。软件以《中国热环境分析专用气象数据集》作为默认计算气象参数。

（5）能耗种类：能耗计算的种类，决定“能耗计算”命令所用的计算方法，可供选择的种类由所选的节能标准确定。

（6）平均传热系数：根据选用的节能标准的不同，目前系统支持四种热桥计算方法，即简化修正系数法、面积加权平均法、线性传热系数（节点建模法）、线性传热系数（节点建查表法）。

当采用“线性传热系数节点建查表法”时，“线性热桥设置”按钮被激活，单击此按钮可以进入设置对话框，按“热桥部位”选取不同的热桥形式。

不勾选“平均传热系数”的设置，外墙只计算主体热工，不考虑热桥的影响。

（7）太阳辐射系数：太阳辐射系数对南方地区影响较大，这个参数主要和屋顶、外墙的外表面颜色和粗糙度等有关。

（8）北向角度：北向角就是北向与 WCS-X 轴的夹角。

“其他设置”中设置计算的一些特殊参数，其具体设置项介绍如下。

（1）上下边界：当一幢建筑物的下部是公共建筑、上部是居住建筑时，因为适用不同的节能标准，必须分别单独进行节能分析。同时，因为两者的结合部不与大气接触，计算中可以视公共建筑的屋顶和居住建筑的地面为绝缘构造。在进行公共建筑节能分析时设置“上边界绝缘”，进行居住建筑节能分析时设置“下边界绝缘”。其他类似的建筑可参照这个原理进行设置。

（2）室内外高差：设定首层的室内外高差。

（3）楼梯间采暖：当建筑类型为居住建筑时，设置楼梯间是否采暖，此项为全局设置。

（4）首层封闭阳台挑空：当建筑类型为居住建筑时，设置首层封闭阳台挑空，即不落地，此项也为全局设置。

（5）启用环境遮阳：设置工程是否考虑环境遮阳，当启用环境遮阳后，“环境遮阳”计算的遮阳系数可用于外窗热工的检查。

（6）输出平面简图到计算书：此项设置为“是”，即可将热工模型的平面简图输出到节能报告中。

4. 软件操作流程

操作流程见图 2-1 和图 2-2。

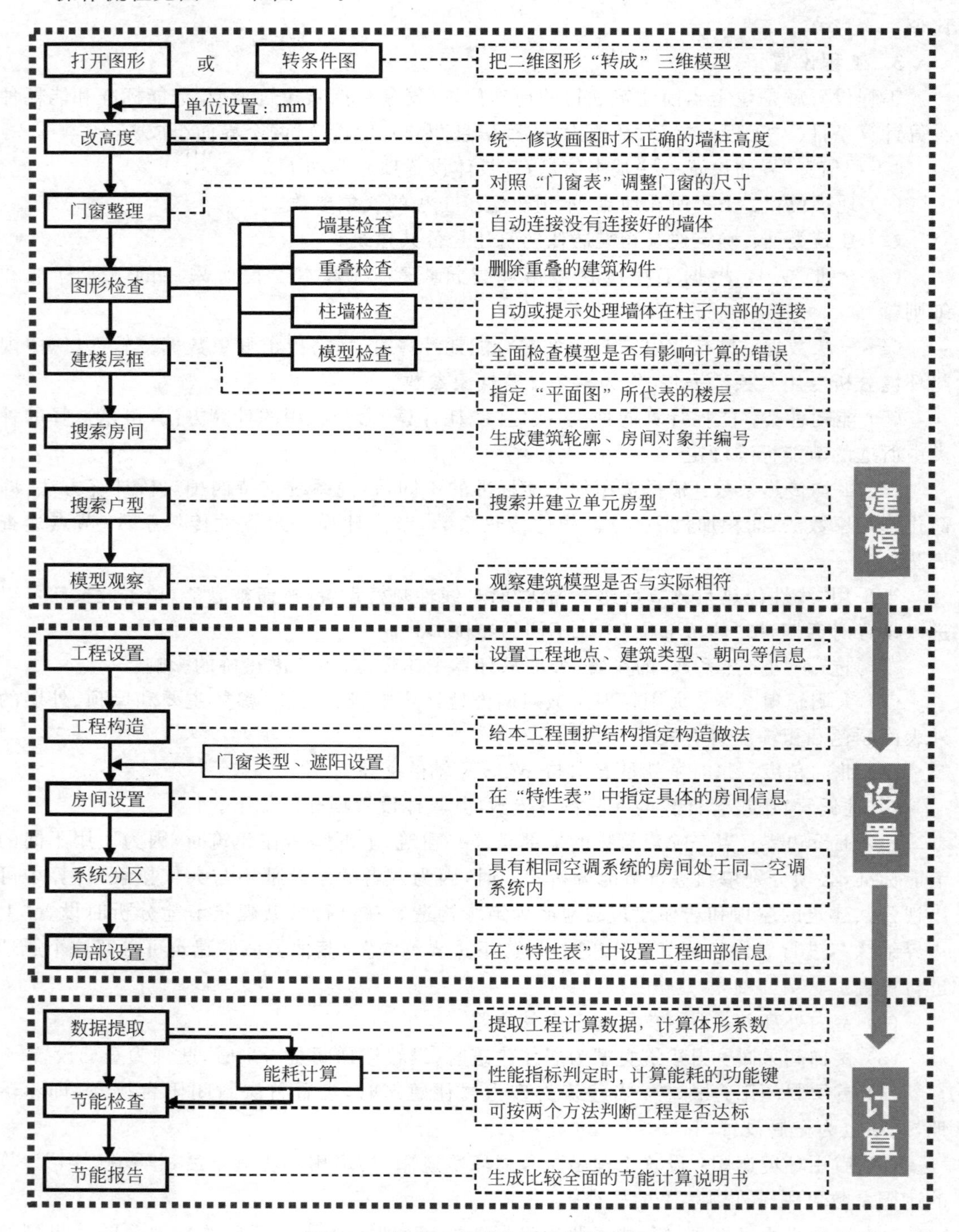

图 2-1 居住建筑节能设计操作流程

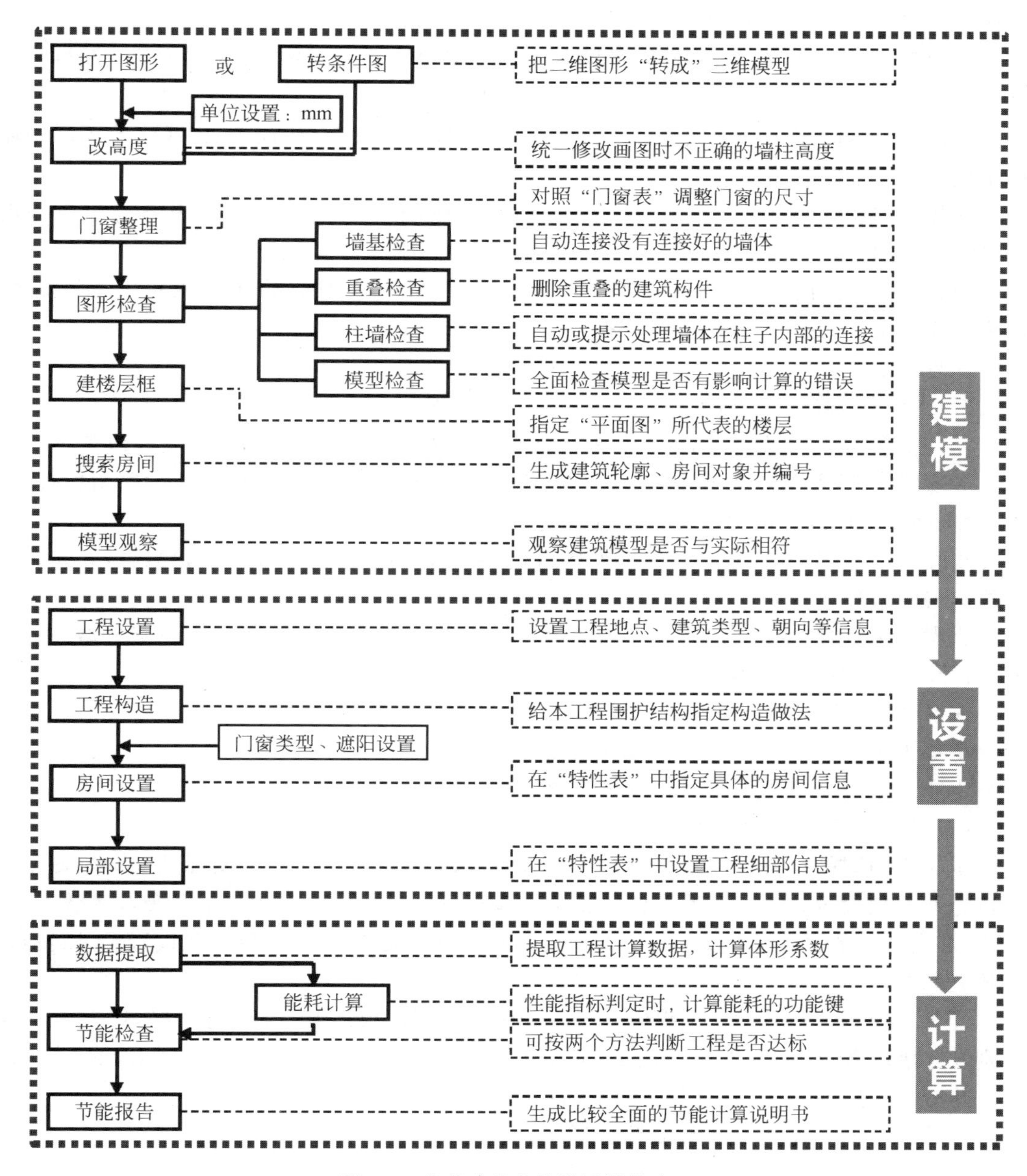

图 2-2　公共建筑节能设计操作流程

(1) 建模操作流程如下。

步骤 1：新建文件夹，复制要进行节能计算的图纸。

步骤 2：用建筑节能 BECS 2016 软件打开文件图纸，并确认图纸是否以 mm 为单位。

步骤 3：确认图纸内容包含的是二维还是三维信息。

若图纸中有部分内容为二维信息，则需要对相应部分内容进行图形转换，具体操作命令为“条件图”→“转条件图”“柱子转换”及“墙窗转换”等。

步骤 4：选择“墙柱”→“转热桥柱”命令，框选平面图，将 COLUMN 柱图层全部转成热桥柱，用于参与后续的节能计算。

步骤5：靠近墙线右击，单击加粗状态，将墙体的粗线改成细线，便于识别和判断墙基线是否连接。

步骤6：选择“墙柱”→“创建墙体”命令，进入“墙体设置”对话框，补充或修改图纸中墙体基线没有连接好的墙体。

步骤7：选择“墙柱”→“改高度”命令，框选平面图中墙和柱，在命令行中输入新的高度值（即各层层高）。

步骤8：选择“门窗”→“门窗整理”命令，弹出“门窗整理”对话框，根据所提供的门窗表、门窗大样图及立面图，修改相关的数据。

注意：

① 若图中存在凸窗，则需核实凸窗两侧所用的建筑材料是玻璃还是凸窗侧板。

② 建筑节能标准中规定，透光的外门需当成窗考虑。对于玻璃门需整个转为窗。

步骤9：图形检查。选择“检查”→“墙基检查”“重叠检查”“柱墙检查”及“模型检查”命令，对平面图纸中存在的错误进行检查修改。

步骤10：选择“空间划分”→“搜索房间”命令后，弹出对话框，修改起始编号，并勾选更新原有房间编号和高度。

步骤11：选择“空间划分”→“搜索户型”命令，选择套间中的房间作为一套户型进行编号，直至所有户型编号完毕。

注意：若建筑类型为公共建筑则跳过该步骤。

步骤12：选择“空间划分”→“建楼层框”命令。

步骤13：选择“检查”→“模型观察”命令。

（2）节能计算前项目设置流程如下。

步骤1：选择“设置”→“工程设置”命令，弹出对话框，根据工程的实际情况分别修改工程信息和其他设置；其中工程信息主要设置地理位置、建筑类型、太阳辐射吸收系数、标准选用、北向角度的设置等相关信息；其他设置则需重点关注上、下边界绝热设置及是否启用环境遮阳等。

步骤2：选择“设置”→“工程构造”命令，弹出对话框，根据工程的实际情况，对应各详图，分别设置建筑物的外围护结构、地下围护结构、内围护结构以及门窗等相关材料和构造做法。

步骤3：选择“设置”→“门窗类型”命令。

步骤4：选择“设置”→“遮阳类型”命令。

步骤5：选择“设置”→“房间类型”命令。

步骤6：选择“设置”→“系统类型”命令，弹出对话框，若建筑物只有一个系统则无须设置，跳过该步骤，否则需要根据项目的实际情况进行设定。

步骤7：选择“选择浏览”→“选择外墙”命令，框选各层平面图，确认后即可选中所有的外墙，按Ctrl+1组合键，打开属性表，分别修改热工下的梁构造、梁高、板构造及板厚等信息。

步骤8：选择“选择浏览”→“选择外门”命令，框选各层平面图，确认后即可选中所有的外墙，按Ctrl+1组合键，打开属性表，分别修改热工下的过梁构造、过梁高等数据。

步骤9：选择“选择浏览”→“选择窗户”命令，框选各层平面图，确认后即可选中所有的外墙，按Ctrl+1组合键，打开属性表，分别修改热工下的过梁构造、过梁高等数据。

(3) 节能计算操作流程如下。

步骤1：选择"计算"→"数据提取"命令，并保存。

步骤2：选择"计算"→"能耗计算"命令。

步骤3：选择"计算"→"节能检查"命令。

注意：围护结构节能计算只需要在规定性指标或性能性指标中满足其中任何一个，则该项目的围护结构节能计算通过；若操作节能计算时，规定性指标或性能性指标均不满足要求，则需要返回"工程构造"这一环节重新修改不满足的各围护结构部位的构造层，选择传热系数小的建筑材料或修改保温层的厚度，或两者同时操作，直至节能计算通过为止。

步骤4：选择"计算"→"节能报告"命令，输出节能计算报告书。

2.1.2　实训任务一

完成居住建筑围护结构节能计算。

本项目为商住楼，位于湖南省长沙市，该建筑结构形式为砖混结构，其围护结构如外墙、楼板、屋顶等构造具体做法如图2-3所示，门、窗类型分别采用节能外门、塑钢中空玻璃(6＋12A＋6)。

扫描图2-3中二维码下载该图纸，利用建筑节能BECS 2016软件，建立图纸中居住建筑部分的建筑模型，完成对该居住建筑部分围护结构的节能计算，并输出相应的节能报告。该报告书应包含以下内容。

1) 建筑概况

主要包括工程概况、参评建筑的星级目标等基本信息。

2) 设计依据

主要包括以下评价标准。

项目所在地区(省份)现行的建筑节能设计标准。

《民用建筑热工设计规范》(GB 50176—2016)。

《建筑外传气密、水密、抗风性能分级及检测方法》(GB/T 7106—2008)。

其他相关规定、规范标准、技术等。

3) 规定性指标检查

工程材料、体形系数、窗墙比、屋顶构造、外墙构造[包括外墙的相关构造(热桥柱、凸窗)、外墙平均热工特性]、分户墙、楼梯间隔墙或封闭外走廊隔墙、架空或外挑楼板、楼板等。

4) 结论

根据计算结果，判断其规定性指标或性能性指标是否满足规范标准中关于建筑围护结构节能设计标准条文的要求。

2.1.3　实训任务二

公共建筑围护结构节能计算。

扫描图2-3中二维码下载该图纸，结合图2-3建筑围护结构构造做法，以及上述门窗类型，利用建筑节能BECS 2016软件，建立图纸中公共建筑部分的建筑模型，完成对该公共建

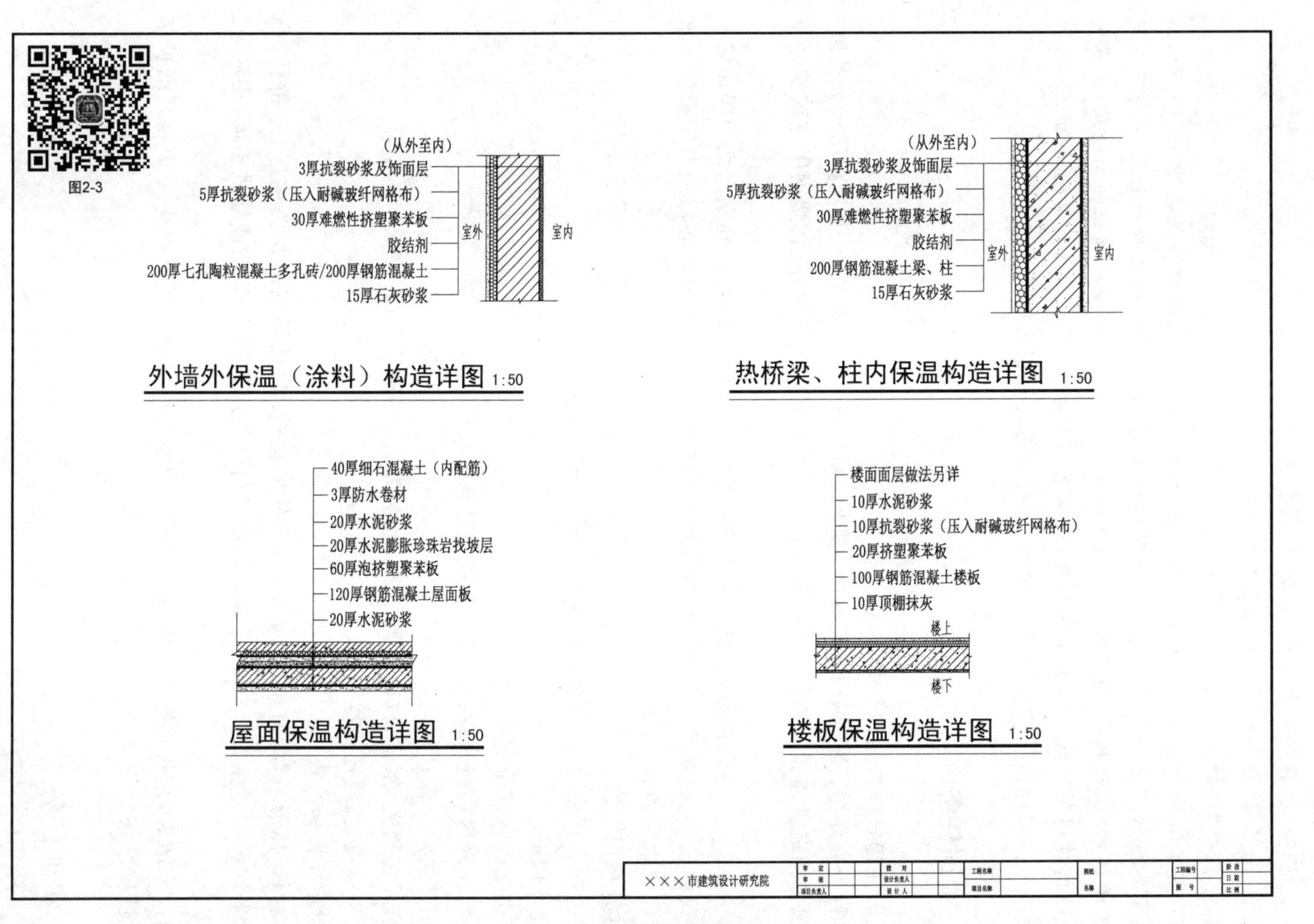

图 2-3 建筑围护结构构造做法

筑部分围护结构的节能计算，并输出相应的节能报告书，该报告书的主要内容参照上述居住建筑节能计算书。

2.1.4　成果示范

成果示范参照图 2-4。

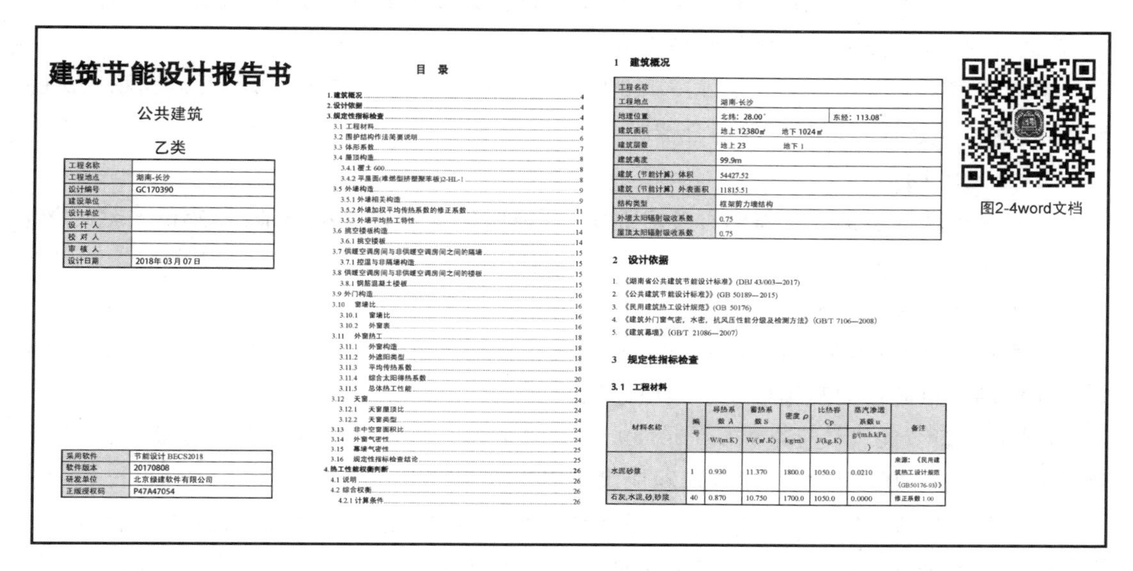

建筑节能设计报告书

公共建筑

乙类

工程名称	
工程地点	湖南-长沙
设计编号	GC170390
建设单位	
设计单位	
设 计 人	
校 对 人	
审 核 人	
设计日期	2018年 03月 07日

采用软件	节能设计 BECS2018
软件版本	20170808
研发单位	北京绿建软件有限公司
正版授权码	P47A47054

目　录

1　建筑概况

工程名称		
工程地点	湖南-长沙	
地理位置	北纬：28.00°	东经：113.08°
建筑面积	地上 12380㎡　地下 1024㎡	
建筑层数	地上 23　地下 1	
建筑高度	99.9m	
建筑（节能计算）体积	54427.52	
建筑（节能计算）外表面积	11815.51	
结构类型	框架剪力墙结构	
外墙太阳辐射吸收系数	0.75	
屋顶太阳辐射吸收系数	0.75	

2　设计依据

1. 《湖南省公共建筑节能设计标准》(DBJ 43/003—2017)
2. 《公共建筑节能设计标准》》(GB 50189—2015)
3. 《民用建筑热工设计规范》(GB 50176)
4. 《建筑外门窗气密，水密，抗风压性能分级及检测方法》(GB/T 7106—2008)
5. 《建筑幕墙》(GB/T 21086—2007)

3　规定性指标检查

3.1　工程材料

材料名称	编号	导热系数 λ	蓄热系数 S	密度 ρ	比热容 Cp	蒸汽渗透系数 u	备注
		W/(m.K)	W/(㎡.K)	kg/m3	J/(kg.K)	g/(m.h.kPa)	
水泥砂浆	1	0.930	11.370	1800.0	1050.0	0.0210	来源：《民用建筑热工设计规范（GB50176-93）》
石灰,水泥,砂,砂浆	40	0.870	10.750	1700.0	1050.0	0.0000	修正系数 1.00

图 2-4　建筑节能设计报告书

实训任务 2.2　外窗、玻璃幕墙的可开启面积比例计算

实训目的：通过对本实训任务的训练，能够读懂施工图门窗表中所提供的各类信息，熟练计算建筑外窗、玻璃幕墙的可开启比例，掌握《绿色建筑评价标准》(GB/T 50378—2014)关于建筑外窗、玻璃幕墙开启部分的分析与评价方法。

实训要求：根据任务书所提供的相关信息，完成实训任务中“外窗、玻璃幕墙的可开启面积比例计算”。

学时安排：1 学时。

辅助工具：计算机辅助设计软件(CAD)、办公软件(Word、Excel)、计算机等。

2.2.1　实训指导

1. 评价标准

根据《绿色建筑评价标准》(GB/T 50378—2014)评分项第 5.2.2 条规定：外窗、玻璃幕墙的可开启部分能使建筑获得良好的通风，评价总分值为6分，并按下列规则评分。

(1) 设玻璃幕墙且不设外窗的建筑，其玻璃幕墙透明部分可开启面积比例达到5%，得4分；达到10%，得6分。

(2) 设外窗且不设玻璃幕墙的建筑，外窗可开启面积比例达到30%，得4分；达到35%，得6分。

(3) 设玻璃幕墙和外窗的建筑，对其玻璃幕墙透明部分和外窗分别按本条第(1)款和第(2)款进行评价，得分取两项得分的平均值。

本计算书主要通过对建筑18层及18层以下部分的外窗与玻璃幕墙可开启面积比例的计算，判断设计建筑对该条文的符合情况。

2. 条文说明

外窗和玻璃幕墙保证必需的可开启面积，可确保建筑物在过渡季节、夏季的自然通风，避免出现完全依靠机械通风的封闭式建筑。

与本条文相关的标准规定如下。

国家标准《住宅建筑规定》(GB 50368—2005)中第7.2.4条规定："住宅应能自然通风，每套住宅的通风开口面积不应小于地面面积的5%。"

《公共建筑节能设计标准》(GB 50189—2015)中第3.2.8条规定："单一立面外窗(包括透光幕墙)开启扇的有效通风换气面积应满足以下规定。"

(1) 甲类公共建筑外窗(包括透光幕墙)应设可开启窗扇，其有效通风换气面积不宜小于所在房间外墙面积的10%；当透光幕墙受条件限制无法设置可开启窗扇时，应设置通风换气装置。

(2) 乙类建筑外窗有效通风换气面积不宜小于窗面积的30%。

(3) 高度在100m以上的建筑，当建筑在100m以上的部分外窗开启受限时，可在建筑100m以下部分开启较大面积，满足第(1)款要求。

《公共建筑节能设计标准》(GB 50189—2015)中第3.2.9条规定："外窗的有效通风换气面积应为开启扇面积和窗开启后的空气流通界面面积的较小值。"

《夏热冬冷地区居住建筑节能设计标准》(JGJ 134—2010)中第4.0.8条规定："外窗可开启面积(含阳台门面积)不应小于外窗所在房间地面面积的5%。多层住宅外窗宜采用平开窗。"

《夏热冬暖地区居住建筑节能设计标准》(JGJ 75—2012)中第4.0.13条规定："外窗(包括阳台门)的通风开口面积不应小于房间地面面积的10%或外窗面积的45%(本条为强制性条文)。"

3. 计算方法

1) 外窗可开启比例计算

$$A_{wk}\% = \frac{\sum S_{wk}}{\sum S_w} \times 100\%$$

式中：$A_{wk}\%$——外窗可开启面积比例(%)；

$\sum S_{wk}$——18 层及 18 层以下部分的外窗可开启面积之和(m^2);

$\sum S_{w}$——18 层及 18 层以下部分的外窗面积之和(m^2)。

注:可开启面积即可开启窗扇的洞口面积,如图 2-5 所示。

2) 玻璃幕墙可开启比例计算

$$A_{Mk}\% = \frac{\sum S_{Mk}}{\sum S_{M}} \times 100\%$$

式中:$A_{Mk}\%$——玻璃幕墙可开启面积比例(%);

$\sum S_{Mk}$——18 层及 18 层以下部分的玻璃幕墙可开启面积之和(m^2);

$\sum S_{M}$——18 层及 18 层以下部分的玻璃幕墙透明部分面积之和(m^2)。

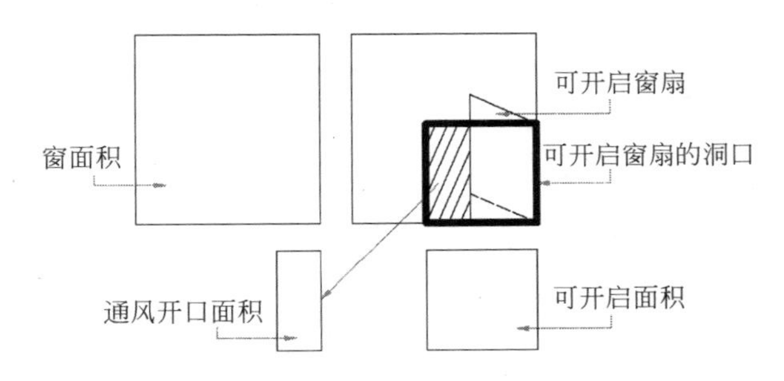

图 2-5 可开启面积和通风开口面积关系示意图

4. 评价方式

当建筑层数大于 18 层时,18 层以上部分不参评,仅对其第 18 层及以下各层的外窗和玻璃幕墙可开启面积比例进行评价。

本条评价时,应按单栋建筑整体计算其可开启面积比例。为简单起见,可将玻璃幕墙活动窗扇的面积认定为可开启面积,而不再计算实际的或当量的可开启面积。

设计评价:查阅建筑平面图、立面图、门窗表、幕墙图纸,主要审查各外窗、幕墙开启方式、种类、面积与数目;查阅外窗、幕墙开启面积比例计算书,主要审查比例计算方式是否正确以及计算结果是否达标。

运行评价:查阅建筑平面图、立面图、门窗表、幕墙图纸,主要审查各外窗、幕墙开启方式、种类、面积与数目;查阅外窗、幕墙开启面积比例计算书,主要审查比例计算方式是否正确以及计算结果是否达标;现场核实,主要审查项目的外窗与幕墙是否与达标的设计图一致。

2.2.2 实训任务

根据某项目所提供的门窗表和门窗大样图(图 2-6),核算表 2-1 建筑外窗可开启面积比例统计计算表,并完成该项目的外窗可开启面积比例计算书。

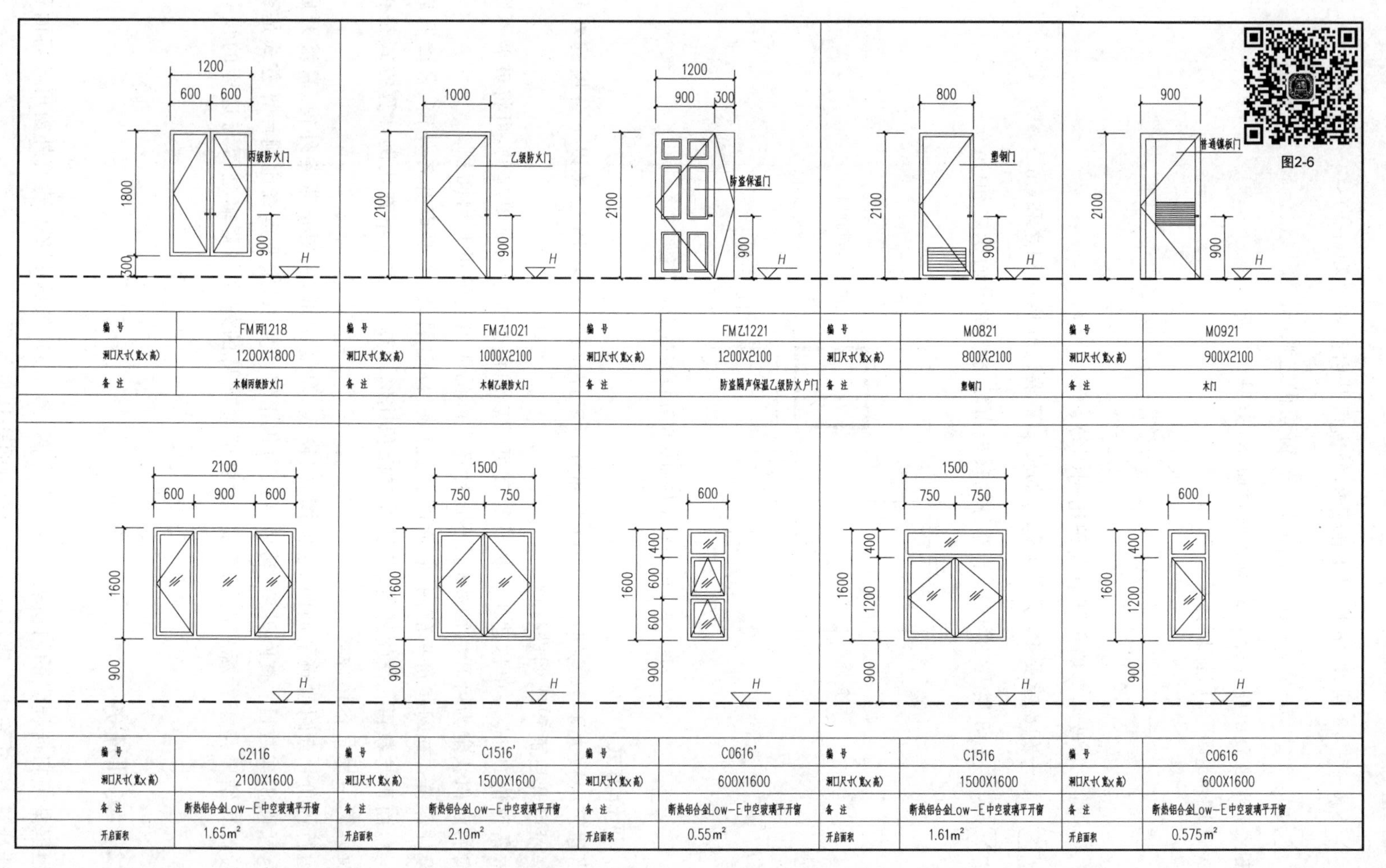

图 2-6 某住宅门窗详图及门窗表

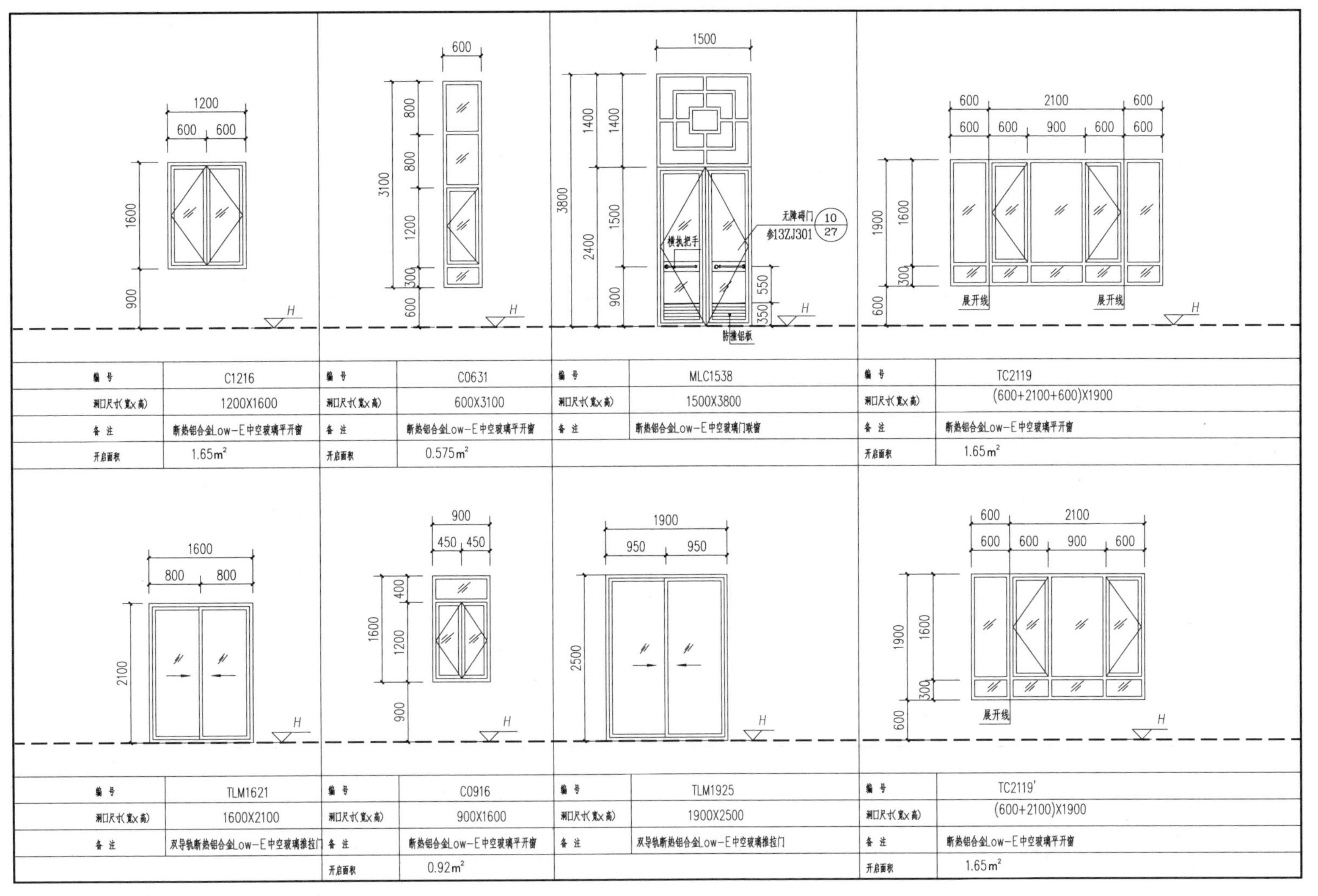
编号
洞口尺寸(宽X高)
备注
开启面积
C1216
1200X1600
断热铝合金Low-E中空玻璃平开窗
1.65m²
C0631
600X3100
断热铝合金Low-E中空玻璃平开窗
0.575m²
MLC1538
1500X3800
断热铝合金Low-E中空玻璃门联窗
无障碍门
参13ZJ301
横执把手
防撞铝板
TC2119
(600+2100+600)X1900
断热铝合金Low-E中空玻璃平开窗
1.65m²
展开线
TLM1621
1600X2100
双导轨断热铝合金Low-E中空玻璃推拉门
C0916
900X1600
断热铝合金Low-E中空玻璃平开窗
0.92m²
TLM1925
1900X2500
双导轨断热铝合金Low-E中空玻璃推拉门
TC2119'
(600+2100)X1900
断热铝合金Low-E中空玻璃平开窗
1.65m²

图 2-6(续)

门窗表

类型	设计编号	洞口尺寸(mm)(宽X高)	9#栋数量					参数			备注
			1	2	3~9	隔热层	合计	气密性等级	传热系数	遮阳系数	
防火门	FM丙1218	1200X1800	4	4	4X7=28		36				成品丙级防火门
	FM乙1021	1000X2100	2			4	6				成品乙级防火门
	FM乙1221	1200X2100	4	4	4X7=28		36				防盗隔声保温乙级防火户门
普通门	M0821	800X2100	12	12	12X7=84		108				塑钢平开门
	M0921	900X2100	12	12	12X7=84		108				木质平开门
	TLM1621	1600X2100	4	4	4X7=28		36	6级	2.6	0.45	断热铝合金Low-E中空玻璃推拉门6+9A+6
	TLM1925	1900X2500	4	4	4X7=28		36	6级	2.6	0.45	断热铝合金Low-E中空玻璃推拉门6+9A+6
	TLM2925	2900X2500	4	4	4X7=28		36	6级	2.6	0.45	断热铝合金Low-E中空玻璃推拉门6+9A+6
普通窗	C0616	600X1600	2	2	2X7=14		18	6级	2.6	0.45	断热铝合金Low-E中空玻璃平开窗6+9A+6
	C0616'	600X1600	4				4	6级	2.6	0.45	断热铝合金Low-E中空玻璃平开窗6+9A+6
	C0916	900X1600	6	6	6X7=42		54	6级	2.6	0.45	断热铝合金Low-E中空玻璃平开窗6+9A+6
	C1216	1200X1600			2X7=14	2	16	6级	2.6	0.45	断热铝合金Low-E中空玻璃平开窗6+9A+6
	C1516	1500X1600	4	4	4X7=28		36	6级	2.6	0.45	断热铝合金Low-E中空玻璃平开窗6+9A+6
	C1516'	1500X1600	2	2	2X7=14		18	6级	2.6	0.45	断热铝合金Low-E中空玻璃平开窗6+9A+6
	C2116	2100X1600	2	2	2X7=14		18	6级	2.6	0.45	断热铝合金Low-E中空玻璃平开窗6+9A+6
	C0631	1600X3100	4				4	6级	2.6	0.45	断热铝合金Low-E中空玻璃平开窗6+9A+6
凸窗	TC2119	详大样	2	2	2X7=14		18	6级	2.6	0.45	断热铝合金Low-E中空玻璃平开窗6+9A+6
	TC2119'	详大样	2	2	2X7=14		18	6级	2.6	0.45	断热铝合金Low-E中空玻璃平开窗6+9A+6
门联窗	MLC1538	1500X3800	2				2	6级	2.6	0.45	断热铝合金Low-E中空玻璃门联窗6+9A+6

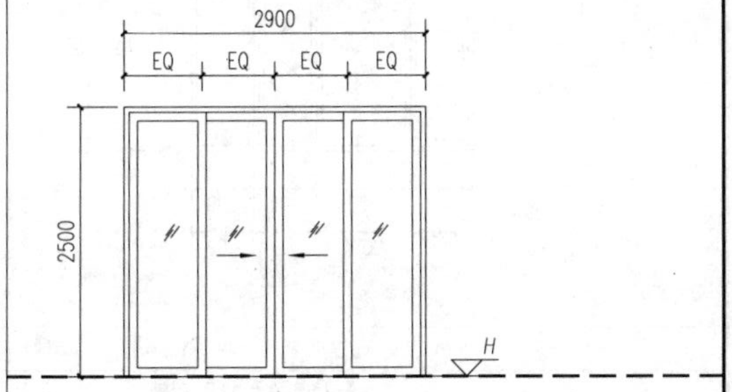

2900
EQ EQ EQ EQ
2500
H

编号	TLM2925
洞口尺寸(宽X高)	2900X2500
备注	双导轨断热铝合金Low-E中空玻璃推拉门

图 2-6(续)

外窗可开启面积比例计算书

1. 项目概述

项目名称：________________

评价依据：《绿色建筑评价标准》(GB/T 50378—2014)评分项第 5.2.2 条“外窗、玻璃幕墙的可开启部分能使建筑获得良好的通风”。

评分细则：评价总分值为 6 分，并按下列规则评分。

(1) 设玻璃幕墙且不设外窗的建筑，其玻璃幕墙透明部分可开启面积比例达到 5%，得 4 分；达到 10%，得 6 分。

(2) 设外窗且不设玻璃幕墙的建筑，外窗可开启面积比例达到 30%，得 4 分；达到 35%，得 6 分。

(3) 设玻璃幕墙和外窗的建筑，对其玻璃幕墙透明部分和外窗分别按本条第(1)款和第(2)款进行评价，得分取两项得分的平均值。

2. 外窗、玻璃幕墙的可开启面积比例计算

经查阅项目的门窗表及门窗大样图，统计出建筑外窗的可开启面积比例，具体如表 2-1 所示。

表 2-1 建筑外窗可开启面积比例统计计算表

外窗			外窗尺寸			外窗可开启面积尺寸				可开启面积比例/%
编号	类型	数量/个	宽度/m	高度/m	面积/m^2	宽度/m	高度/m	数量/个	面积/m^2	
MLC1538										
TLM1621										
TLM1925										
TLM2925										
TLM3023										
C2116										
C5161										
C0616										
C1516										
C0616										
C1216										
C0631										
TC2119										
C0916										
TC2119										
合计										

3. 分析结论

综上所述，本项目可开启面积比例为________%，满足《绿色建筑评价标准》(GB/T 50378—2014)评分项第5.2.2条“外窗、玻璃幕墙的可开启部分能使建筑获得良好的通风”的要求，可得________分。

实训任务2.3 节能比例计算书

实训目的：通过对本实训任务的训练，能够掌握绿色建筑项目关于建筑节能比例提升比例的计算和评价方法。

实训要求：根据提供的任务信息，完成实训任务中“节能比例计算书”。

学时安排：1学时。

辅助工具：计算机辅助设计软件(CAD)、斯维尔绿色建筑系列分析软件、办公软件(Word、Excel)、计算机等。

2.3.1 实训指导

1. 评价标准

根据《绿色建筑评价标准》(GB/T 50378—2014)评分项第5.2.3条规定：围护结构热工性能指标优于国家现行相关建筑节能设计标准的规定，评价总分值为10分，并按下列规定评分。

(1) 围护结构人工性能比国家现行相关建筑节能设计标准规定的提高幅度达到5%，得5分；达到10%，得10分。

(2) 供暖空调全年计算负荷降低幅度达到5%，得5分；达到10%，得10分。

2. 条文说明扩展

本条的评分可选择按第(1)款或第(2)款进行。

对于第(1)款，要求外墙、屋顶、外窗、幕墙等围护结构主要部位的传热系数*K*、外窗/幕墙的遮阳系数SC(居住建筑)或太阳得热系数SHGC(公共建筑)低于国家现行相关建筑节能设计标准的要求。在不同窗墙比情况下，节能设计标准对于透明围护结构的传热系数和遮阳系数数值要求是不一样的，需要在此基础上做有针对性的改善。具体来说，要求传热系数*K*、遮阳系数SC、太阳得热系数SHGC比标准要求的数值均降低5%得5分，均降低10%得10分。对于夏热冬暖地区，应重点比较透明围护结构遮阳系数(居住建筑)或太阳得热系数(公共建筑)的降低，传热系数不作进一步降低的要求。对于严寒地区，应重点比较不透明围护结构传热系数的降低，遮阳系数和太阳得热系数不作进一步降低的要求。当地方建筑节能设计标准高于国家建筑节能设计标准时，仍应以国家现行节能设计标准作为基准来判断。

本条评价中，可只考虑外墙、屋面的传热系数，外窗/幕墙的传热系数、遮阳系数(居住建筑)或太阳得热系数(公共建筑),其他诸如外挑楼板,非供暖房间的隔墙与楼板,以及周边地面的保温材料热阻,不在本条控制范围之内。

对于公共建筑,与本条相关的标准主要是指《公共建筑节能设计标准》(GB 50189—2015),主要指标包括围护结构传热系数、太阳得热系数等。

本条第(2)款的判定比较复杂,需要基于两个算例的建筑供暖空调全年计算负荷进行判定。两个算例仅考虑建筑围护结构本身的不同性能,供暖空调系统的类型、设备类型的运行状态等按常规形式考虑即可。第一个算例取国家或行业建筑节能设计标准规定的建筑围护结构的热工性能参数,第二个算例取实际设计的建筑围护结构热工性能参数,但需注意两个算例所采用的暖通空调系统形式一致,然后比较两者的全年计算负荷差异。

3. 评价方式

本条适用于各类民用建筑的设计、运行标准。

设计评价:查阅建筑施工图及设计说明、围护结构施工详图、围护结构热工性能参数表、当地建筑节能审查相关文件,或审查供暖空调全年计算负荷报告。

运行评价:查阅建筑竣工图、围护结构竣工详图、围护结构热工性能参数表、当地建筑节能审查相关文件、节能工程验收记录、进场复验报告,并现场核查;或审查供暖空调全年计算负荷报告,同时查阅基于实测数据的供暖供热量、空调供冷量,并现场核查。

2.3.2 实训任务

某新建项目-7#学生宿舍位于长沙市,建筑层数为地上6层,建筑高度为22.05m,建筑面积为6785.54m^2,参照图2-7所提供的的外墙、屋顶及外窗等围护结构主要部位的传热系数K、遮阳系数SC值等信息,对该项目的建筑围护结构热工性能提高比例进行计算,并完成以下计算书中内容。

节能比例计算书

1. 项目概述

项目名称:________________________________

评价依据:《绿色建筑评价标准》(GB/T 50378—2014)评分项第5.2.3条“围护结构热工性能指标优于国家现行相关建筑节能设计标准”的规定。

评分细则:评价总分值为10分,并按下列规定评分。

(1) 围护结构人工性能比国家现行相关建筑节能设计标准规定的提高幅度达到5%,得5分;达到10%,得10分。

(2) 供暖空调全年计算负荷降低幅度达到5%,得5分;达到10%,得10分。

2. 建筑围护结构热工性能提高比例计算

经查阅该项目所提供的外墙、屋顶及外窗等围护结构主要部位的传热系数K和遮阳系数SC值,统计出建筑围护结构热工性能提高比例,具体如表2-2所示。

表 2-2　建筑围护结构热工性能提高比例计算表

围护结构		窗墙比	传热系数/[W/(m²·K)]		提高比例	遮阳系数		提高比例	是否提高5%以上	是否提高10%以上
			设计值	标准值		设计值	标准值			
屋面										
外墙										
外窗	东									
	南									
	西									
	北									

3. 分析结论

综上所述，本建筑的屋面、外墙及外窗的传热系数 K 和遮阳系数 SC 满足《绿色建筑评价标准》(GB/T 50378—2014)评分项第 5.2.3 条“围护结构热工性能指标优于国家现行相关建筑节能设计标准”的规定，且围护结构热工性能比国家现行相关建筑节能设计标准规定的提高幅度达到________%，可得________分。

2.3.3　成果示范

成果示范参照图 2-7。

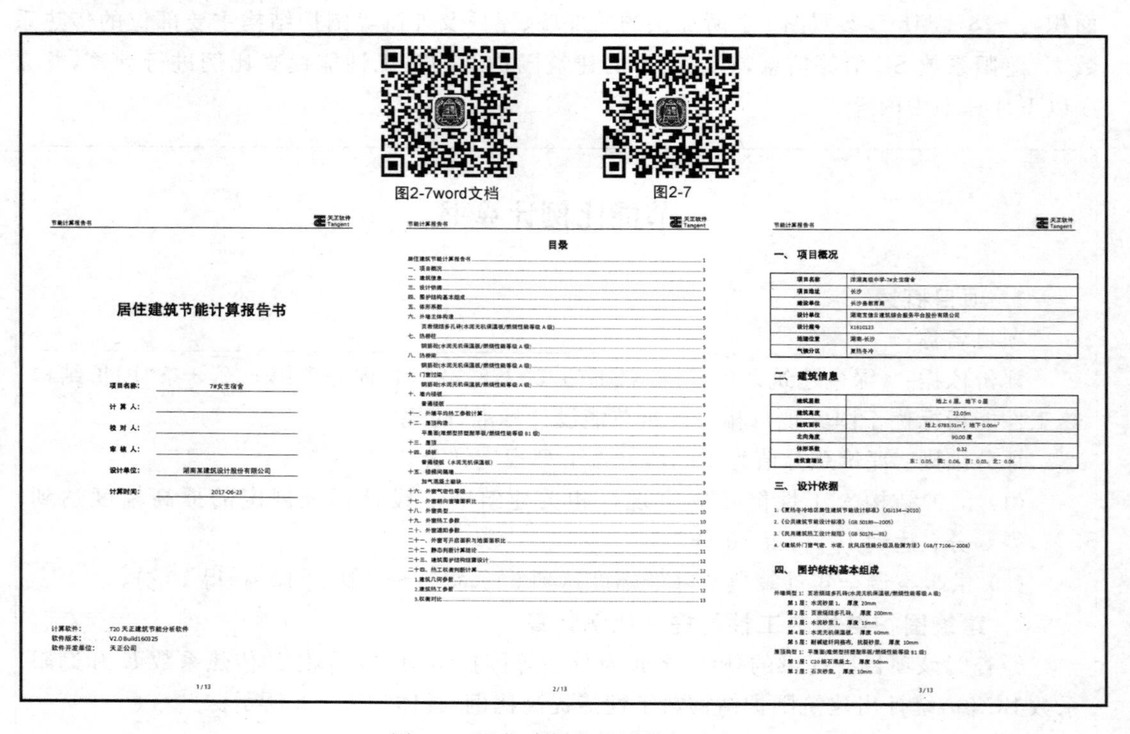

节能计算报告书　天正软件 Tangent

居住建筑节能计算报告书

项目名称：7#女生宿舍
计 算 人：
校 对 人：
审 核 人：
设计单位：湖南某建筑设计股份有限公司
计算时间：2017-06-23

计算软件：T20 天正建筑节能分析软件
软件版本：V2.0 Build160325
软件开发单位：天正公司

1/13

节能计算报告书　天正软件 Tangent

目录

居住建筑节能计算报告书 …… 1
一、项目概况 …… 3
二、建筑信息 …… 3
三、设计依据 …… 3
四、围护结构基本组成 …… 3
五、体形系数 …… 4
六、外墙主体构造 …… 5
页岩烧结多孔砖(水泥无机保温板/燃烧性能等级 A 级) …… 5
七、热桥柱 …… 5
钢筋砼(水泥无机保温板/燃烧性能等级 A 级) …… 5
八、热桥梁 …… 6
钢筋砼(水泥无机保温板/燃烧性能等级 A 级) …… 6
九、门窗过梁 …… 6
钢筋砼(水泥无机保温板/燃烧性能等级 A 级) …… 6
十、楼内楼板 …… 6
普通楼板 …… 6
十一、外墙平均热工参数计算 …… 7
十二、屋顶构造 …… 8
平屋面(难燃型挤塑聚苯板/燃烧性能等级 B1 级) …… 8
十三、屋顶 …… 8
十四、楼板 …… 9
普通楼板（水泥无机保温板） …… 9
十五、楼梯间隔墙 …… 9
加气混凝土砌块 …… 9
十六、外窗气密性等级 …… 9
十七、外窗朝向窗墙面积比 …… 10
十八、外窗类型 …… 10
十九、外窗热工参数 …… 10
二十、外窗遮阳参数 …… 10
二十一、外窗可开启面积与地面面积比 …… 11
二十二、静态判断计算结论 …… 11
二十三、建筑围护结构结露设计 …… 12
二十四、热工权衡判断计算 …… 12
1.建筑几何参数 …… 12
2.建筑热工参数 …… 12
3.权衡对比 …… 13

2/13

节能计算报告书　天正软件 Tangent

一、项目概况

项目名称	洋湖高级中学-7#女生宿舍
项目地址	长沙
建设单位	长沙县教育局
设计单位	湖南宝信云建筑综合服务平台股份有限公司
设计编号	X1610123
地理位置	湖南-长沙
气候分区	夏热冬冷

二、建筑信息

建筑层数	地上 6 层，地下 0 层
建筑高度	22.05m
建筑面积	地上 6783.51m²，地下 0.00m²
北向角度	90.00 度
体形系数	0.32
建筑窗墙比	东：0.05，南：0.06，西：0.03，北：0.06

三、设计依据

1.《夏热冬冷地区居住建筑节能设计标准》(JGJ134—2010)
2.《公共建筑节能设计标准》(GB 50189—2005)
3.《民用建筑热工设计规范》(GB 50176—93)
4.《建筑外门窗气密、水密、抗风压性能分级及检测方法》(GB/T 7106—2008)

四、围护结构基本组成

外墙类型 1：页岩烧结多孔砖(水泥无机保温板/燃烧性能等级 A 级)
第 1 层：水泥砂浆 1，厚度 20mm
第 2 层：页岩烧结多孔砖，厚度 200mm
第 3 层：水泥砂浆 1，厚度 15mm
第 4 层：水泥无机保温板，厚度 60mm
第 5 层：耐碱玻纤网格布，抗裂砂浆，厚度 10mm
屋顶类型 1：平屋面(难燃型挤塑聚苯板/燃烧性能等级 B1 级)
第 1 层：C20 细石混凝土，厚度 50mm
第 2 层：石灰砂浆，厚度 10mm

3/13

图 2-7　居住建筑节能计算报告书

模块3 节材与材料资源利用

实训任务 3.1 纯装饰性构件造价比例计算

实训目的：通过对本实训任务的训练，了解纯装饰性构件的基本概念，能够计算出纯装饰性构件的造价比例，掌握绿色建筑造型要素简约、无大量装饰性构件的分析与评价方法。

实训要求：根据提供的任务信息，完成实训任务中“纯装饰性构件比例计算书”。

学时安排：1 学时。

辅助工具：计算机辅助设计软件(CAD)、办公软件(Word、Excel)、计算机等。

3.1.1 实训指导

1. 评价标准

《绿色建筑评价标准》(GB/T 50378—2014)控制项第 7.1.3 条规定：“建筑造型要素应简约，且无大量装饰性构件。”

2. 条文说明

本条主要引导在建筑设计时应尽可能考虑装饰性兼具功能性，尽量避免设计纯装饰性构件，造成建筑材料的浪费。对纯装饰性构件，应对其造价占单栋建筑总造价的比例进行控制。单栋建筑总造价系指该建筑的土建、安装工程总造价，不包括征地等其他费用。

没有功能作用的纯装饰性构件应用，归纳为以下几种常见情况。

(1) 不具备遮阳、导光、导风、载物、辅助绿化等作用的飘板、格栅和构架等作为构成要素在建筑中大量使用。

(2) 单纯为追求标志性效果的塔、球、曲面等异型构件。

(3) 女儿墙高度超过标准要求 2 倍以上。

3. 评价方式

本条适用于各类民用建筑的设计、运行评价。

针对居住建筑和公共建筑的具体要求如下。

(1) 居住建筑中纯装饰性构件的造价不应高于所在单栋建筑总造价的 2%。

(2) 公共建筑中纯装饰性构件的造价不应高于所在单栋建筑总造价的 5‰。

评价时，对有功能作用的装饰性构件应由申报方提供功能说明书。对有装饰性构件的项目应以单栋建筑为单元进行造价比例核算，各单栋建筑均应符合上述造价比例要求。对于地下室相连接而地上部分分开的项目可按照申报主体进行整体计算，可不以地上单栋建筑为单元。

设计评价：查阅建筑、结构设计说明及图纸，有功能作用的装饰性构件功能说明书，建筑工程造价预算表，纯装饰性构件占单栋建筑总造价比例计算书，审查纯装饰性构件占单栋建筑总造价比例及其合理性。

运行阶段：查阅建筑、结构竣工图，建筑工程造价决算表，造价比例计算书，审查造价比例及其合理性，并进行现场核查。

3.1.2 实训任务

某食堂总建筑面积 5649m²，层数为 5 层。其女儿墙长度约 97.4m，高度 3.2m，女儿墙厚度 200mm，砌体材料为加气混凝土砌块，建筑效果图如图 3-1 所示，局部立面放大图如图 3-2 所示。根据以上资料，完成“纯装饰性构件造价比例计算书”中的内容。

图 3-1 建筑效果图

纯装饰性构件造价比例计算书

1. 项目概述

项目名称：______________________________

评价依据：《绿色建筑评价标准》(GB/T 50378—2014)控制项第 7.1.3 条“建筑造型要素应简约，且无大量装饰性构件”。

对应条文：对于公共建筑，纯装饰性构件的造价不应高于所在单栋建筑总造价的 5‰。

2. 概念与要求

本条主要引导在建筑设计时应尽可能考虑装饰性兼具功能性，尽量避免设计纯装饰

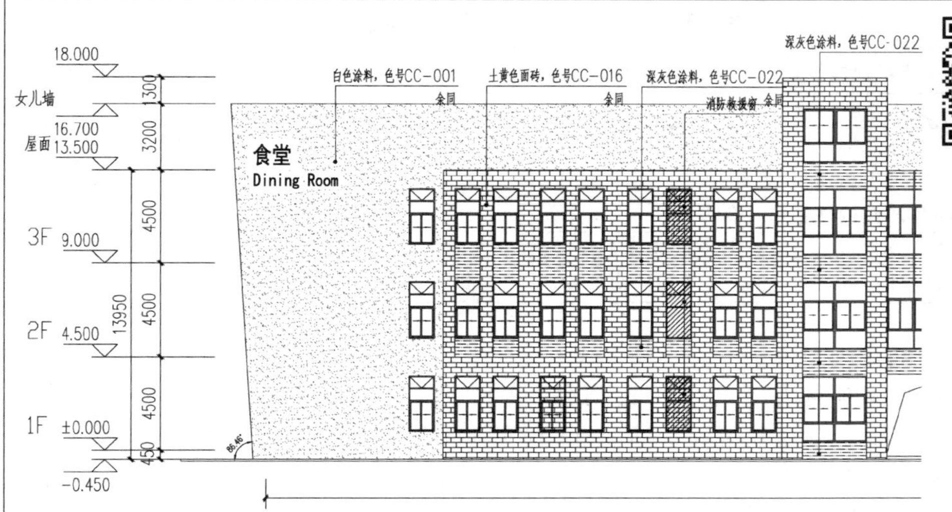

图 3-2 局部立面放大图

性构件，造成建筑材料的浪费。对纯装饰性构件，应对其造价占单栋建筑总造价的比例进行控制。单栋建筑总造价系指该建筑的土建、安装工程总造价，不包括征地等其他费用。

没有功能作用的纯装饰性构件应用，归纳为以下几种常见情况。

(1) 不具备遮阳、导光、导风、载物、辅助绿化等作用的飘板、格栅和构架等作为构成要素在建筑中大量使用。

(2) 单纯为追求标志性效果的塔、球、曲面等异型构件。

(3) 女儿墙高度超过标准要求 2 倍以上。

《民用建筑设计通则》(GB 50352—2005)第 6.6.3 条规定：阳台、外廊、室内回廊、内天井、上人屋面及室外楼梯等临空处应设置防护栏杆，并应符合下列规定：临空高度在 24m 以下时，栏杆高度不应低于 1.05m，临空高度在 24m 及 24m 以上(包括中高层住宅)时，栏杆高度不应低于 1.10m。

3. 纯装饰性构件造价比例计算及评价

对建筑构件进行分析，判定是否为纯装饰性构件，具体判定过程见表 3-1。

表 3-1 纯装饰性构件判定表

序号	构件名称	主要功能说明	是否为纯装饰性构件(是/否)
1	女儿墙	高度________m，(□是 □否)超过规范要求的 2 倍	
2	立面格栅	无	
3	屋面构架	无	

下面结合提供的技术经济指标和建筑立面图，核算纯装饰性构件的工程量(如女儿墙的工程量＝女儿墙长度×厚度)；根据提供的综合单价和综合合价：加气混凝土砌块女儿墙综合单价按 570 元/m^3 考虑，建筑工程总造价按 2500 元/m^2 考虑，计算本工程纯装饰性构件造价比例，具体计算如表 3-2 所示。

表 3-2　纯装饰性构件造价比例计算

序号	纯装饰性构件名称	工程量	单位	综合单价/元	综合合价/万元
1	女儿墙超出规范部分		m^3		
2	纯装饰性构件综合合价/万元				
3	建筑工程总造价/万元				
4	纯装饰性构件造价比例/‰				
5	计算公式：女儿墙超出规范部分工程量=(女儿墙高度－2×规范高度)×长度×厚度 装饰性构件造价比例=(装饰性构件材料总价/建筑工程造价)×1000‰				

4. 分析结论

综上所述，本项目为(□公共　□居住)建筑，纯装饰性构件造价比例为________，(□是　□否)满足《绿色建筑评价标准》(GB/T 50378—2014)控制项第 7.1.3 条“建筑造型要素应简约，且无大量装饰性构件”。对于居住建筑，纯装饰性构件的造价不应高于所在单栋建筑总造价的 2%；对于公共建筑，纯装饰性构件的造价不应高于所在单栋建筑总造价的 5‰。

实训任务 3.2　可重复使用隔断(墙)的设计使用比例

实训目的：通过本实训任务的训练，了解可变换功能空间和不可变换功能空间的基本概念，能够计算出可重复使用隔断(墙)比例指标，掌握公共建筑中可变换功能的室内空间的分析与评价方法。

实训要求：根据提供的任务信息，完成实训任务中“可重复使用隔断(墙)的设计使用比例计算书”。

学时安排：1 学时。

辅助工具：计算机辅助设计软件(CAD)、办公软件(Word、Excel)、计算机等。

3.2.1　实训指导

1. 评价标准

参照《绿色建筑评价标准》(GB/T 50378—2014)评分项第 7.2.4 条规定：公共建筑中可变换功能的室内空间采用可重复使用的隔断(墙)，评价总分值为 5 分，可重复使用隔断(墙)比例评分规则如表 3-3 所示。

表 3-3　可重复使用隔断(墙)比例评分规则

可重复使用隔断(墙)比例 R_{rp}	得分
$30\% \leqslant R_{rp} < 50\%$	3
$50\% \leqslant R_{rp} < 80\%$	4
$R_{rp} \geqslant 80\%$	5

2. 条文说明

本条主要针对办公楼、商店等具有可变换功能空间的建筑类型进行评价。

1）可变换功能的室内空间

《绿色建筑评价标准》(GB/T 50378—2014)评分项第7.2.4条将“可变换功能的室内空间”定义为“除走廊、楼梯、电梯井、卫生间、设备机房、公共管井以外的地上室内空间，以及作为商业、办公用途的地下空间”。不包括有特殊隔声、防护系特殊工艺需求的空间、不作为商业、办公用途的地下空间。

2）可重复使用的隔断(墙)

可重复使用的隔断(墙)在拆除过程中应基本不影响与之相接的其他隔墙，拆卸后可进行再次利用，如大开间敞开式办公空间被的玻璃隔断(墙)、预制隔断(墙)、特殊节点设计的可分段的轻钢龙骨水泥板或石膏板隔断(墙)和木隔断(墙)等。

3）可重复使用隔断(墙)比例

《绿色建筑评价标准》(GB/T 50378—2014)评分项第7.2.4条将“可重复使用隔断(墙)比例”定义为“实际采用的可重复使用隔断(墙)围合的建筑面积与建筑中可变换功能的室内空间的面积的比值(%)”。可重复使用的隔断(墙)的判定关键点在于其具备可拆卸节点，在拆除过程中基本不影响与之相接的其他隔墙，并且拆卸后可进行再次利用。

3. 评价方式

本条适用于公共建筑的设计、运行评价。

设计评价：查阅建筑、结构、装修施工图纸，可重复使用的隔断(墙)的设计使用比例计算书；审核其计算合理性和具体的使用比例。对于后期出租或出售型项目，应结合出租或出售后的隔断设计情况或设置保障计划进行设计。

运行评价：查阅建筑、结构、装修竣工图纸，可重复使用隔断(墙)的实际使用比例计算书；审核其计算合理性和具体的使用比例，并进行现场核查。

3.2.2 实训任务

根据图3-3所示某办公建筑标准层平面图，完成“可重复使用隔断(墙)的设计使用比例计算书”中的内容。

可重复使用隔断(墙)的设计使用比例计算书

1. 项目概述

项目名称：______________________________

评价依据：《绿色建筑评价标准》(GB/T 50378—2014)评分项第7.2.4条“可重复使用隔断(墙)比例评分规则”。

评分细则：公共建筑中可变换功能的室内空间采用可重复使用的隔断(墙)，评价总分值为5分，可重复使用隔断(墙)比例评分规则如表3-4所示。

2. 可变换功能空间判定

本项目为(□办公 □商业 □其他)建筑，其可变换功能空间为________，不可变换功能空间为________。

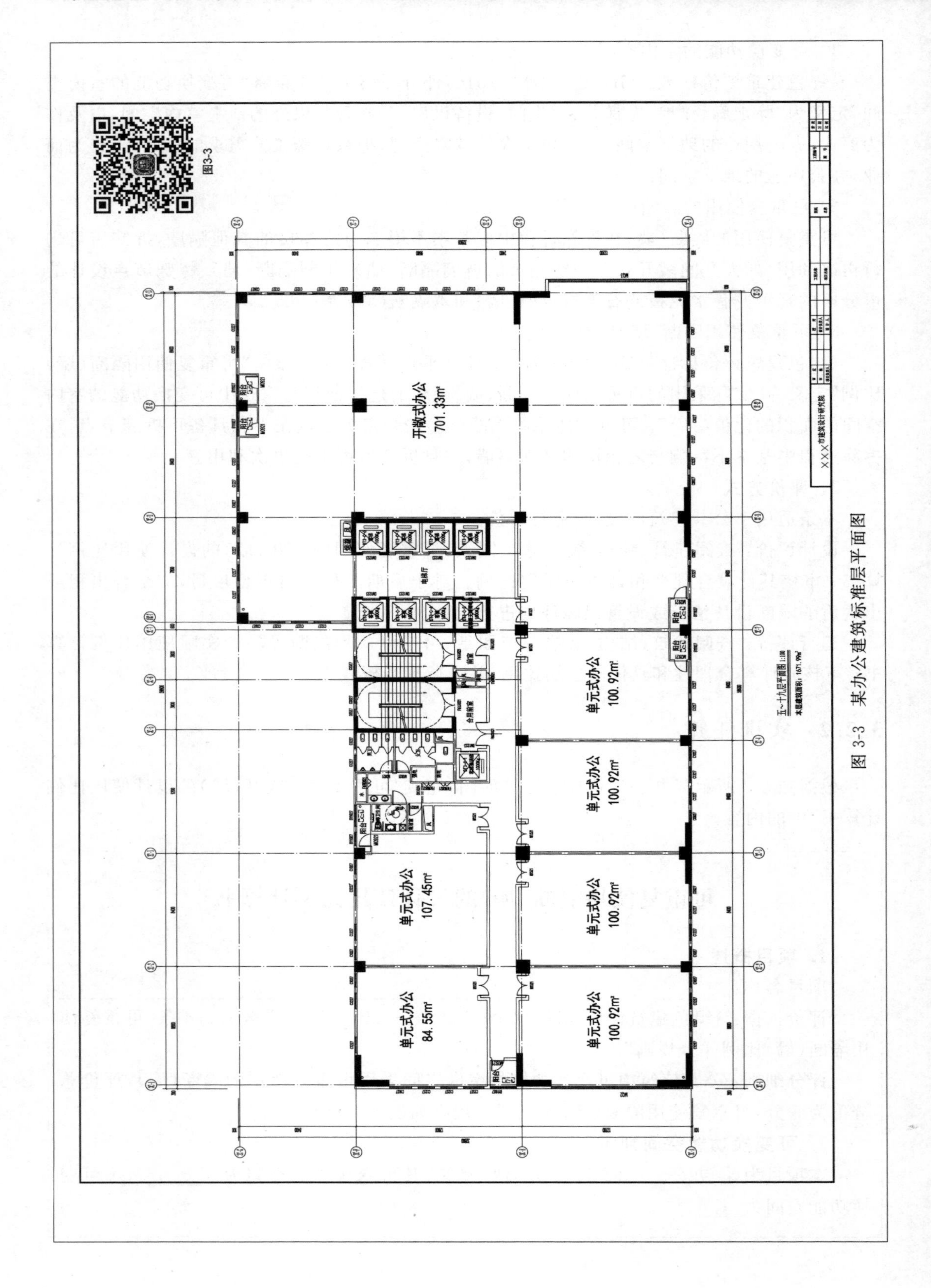

图 3-3 某办公建筑标准层平面图

表 3-4 可重复使用隔断(墙)比例评分规则

可重复使用隔断(墙)比例 R_{rp}	得分
$30\% \leqslant R_{rp} < 50\%$	3
$50\% \leqslant R_{rp} < 80\%$	4
$R_{rp} \geqslant 80\%$	5

3. 可重复使用隔断(墙)的设计使用面积计算及评价

可重复使用隔断(墙)的设计使用比例见表 3-5。

表 3-5 可重复使用隔断(墙)的设计使用比例表

楼 层	标 准 层
可设置灵活隔断空间面积/m^2	
可变换功能空间面积/m^2	
可重复使用隔断(墙)比例/%	

4. 分析结论

综上所述,本项目可重复使用隔断(墙)的设计使用比例为________%,参照《绿色建筑评价标准》(GB/T 50378—2014)评分项第 7.2.4 条“可重复使用隔断(墙)比例评分规则”,可得________分。

实训任务 3.3 可再利用和可再循环材料使用比例计算

实训目的:通过对本实训任务的训练,了解可再利用和可再循环材料的基本概念,能够计算出可再利用和可再循环材料的使用数量,掌握采用可再利用和可再循环材料的分析与评价方法。

实训要求:根据提供的任务信息,完成实训任务中“可再利用和可再循环材料使用比例计算计算书”。

学时安排:1 学时。

辅助工具:计算机辅助设计软件(CAD)、办公软件(Word、Excel)、计算机等。

3.3.1 实训指导

1. 评价标准

根据《绿色建筑评价标准》(GB/T 50378—2014)评分项第 7.2.12 条规定:采用可再利用材料和可再循环材料,评分总分值为 10 分,并按下列规则评分。

(1) 住宅建筑中可再利用和可再循环材料用量比例达到 6%,得 8 分;达到 10%,得 10 分。

(2) 公共建筑中的可再利用和可再循环材料用量比例达到 10%,得 8 分;达到 15%,得 10 分。

2. 条文说明

(1) 可再利用材料是指不改变物质形态可直接再利用的，或经过组合、修复后可直接再利用的材料，即基本不改变旧建筑材料或制品的原貌，仅对其进行适当清洁或修整等简单工序后经过性能检测合格，直接回用于建筑工程的建筑材料。一般是指制品、部品或型材形式的建筑材料，包括砌块、砖、瓦、料石、管道、预制混凝土板、木材、钢材、部分装饰材料等。

(2) 可再循环材料：是指通过改变物质形态可实现循环利用的材料，如难以直接回用的钢筋、玻璃等，可以回炉再生产。可再循环材料主要包括金属材料(钢材、铸铁、铜等)、玻璃、铝合金型材、石膏制品、木材、不锈钢、塑料、橡胶等。

有的建筑材料既可以直接再利用又可以回炉后再循环利用，例如标准尺寸的钢结构型材等。

以上材料均可纳入本条"可再利用材料和可再循环材料用量"范畴，但同种建材不重复计算。

(3) 不可再利用材料和不可再循环材料主要包括：建筑砂浆、白石子、乳胶漆、水泥、砂石、卷材、沥青等。

3. 评价方式

本条适用于各类民用建筑的设计、运行评价。

设计评价：查阅工程概预算材料清单、可再利用材料和可再循环材料用量比例计算书，以及各种建筑材料的使用部位及使用量一览表。每个强度等级的混凝土视为一种建筑材料，即 C30 混凝土、C40 混凝土视为两种建筑材料。

运行评价：查阅工程决算材料清单、相应的产品检测报告、可再利用材料和可再循环材料用量比例计算书，并审查其计算合理性及实际用量比例。

3.3.2 实训任务

根据某学校所提供的建筑概预算材料清单(表 3-6)及建筑材料密度参考值(表 3-7)，完成下列"可再利用和可再循环材料使用比例计算书"中的内容。

表 3-6 建筑概预算材料清单

建筑材料名称	使用量	单位
建筑砂浆	19963.80	kg
白石子	113864.45	kg
乳胶漆	2001.64	kg
水泥	1247934.72	kg
砂石	4572.65	m^3
卷材	0.76	m^3
沥青	113451.48	kg
砌块	3870291.91	kg
砖	1241749.75	kg
木材	165000.00	kg
钢材	253604.68	kg
铝合金型材	5.90	m^3
玻璃	15.16	m^3
铁	45617.62	kg

各建筑材料密度值参考表 3-7。

表 3-7 建筑材料密度参考值

建筑材料名称	密度/(kg/m³)	建筑材料名称	密度/(kg/m³)
砂石	1400.00	木材	600.00
卷材	1050.00	铝合金型材	2700.00
砌块	1700.00	玻璃	1180.00
砖	1900.00		

可再利用和可再循环材料使用比例计算书

1. 项目概述

项目名称：某学校建筑。

评价依据：《绿色建筑评价标准》(GB/T 50378—2014)评分项第 7.2.12 条“采用可再利用材料和可再循环材料”。

评分细则：公共建筑中的可再利用和可再循环材料用量比例达到 10%，得 8 分；达到 15%，得 10 分。

2. 可再利用和可再循环材料的判定和计算

根据表 3-6，区分不可循环材料、可再利用和可再循环材料，并计算出该建筑的可再利用和可再循环材料使用比例，具体如表 3-8 所示。

表 3-8 可再利用和可再循环材料使用比例计算

建筑材料		数量/m³	密度/(kg/m³)	质量/kg
不可循环材料				
可再利用和可再循环材料				
可再利用和可再循环材料总质量/kg				
建筑材料总质量/kg				
可再利用和可再循环材料使用比例/%				
计算公式：质量(kg)＝数量(m³)×密度(kg/m³) 可再利用和可再循环材料使用比例(%)＝(可再利用和可再循环材料总质量/建筑材料总质量)×100%				

3. 分析结论

经计算,本项目可再利用材料和可再循环材料用量比例达到________%,参照《绿色建筑评价标准》(GB/T 50378—2014)评分项第7.2.12条“采用可再利用材料和可再循环材料”,可得________分。

实训任务3.4 高强度钢使用比例计算

实训目的:通过本实训任务的训练,了解高强度钢的基本概念,能够计算出高强度钢使用量,掌握合理采用高强建筑结构材料的分析与评价方法。

实训要求:根据提供的任务信息,完成实训任务中“高强度钢使用比例计算计算书”。

学时安排:1学时。

辅助工具:计算机辅助设计软件(CAD)、办公软件(Word、Excel)、计算机等。

3.4.1 实训指导

1. 评价标准

合理采用高强建筑结构材料,评价总分值为10分,并按下列规则评分。

(1) 混凝土结构评价标准如下。

① 对于混凝土结构,400MPa级及以上受力普通钢筋(包括梁、柱、墙、板、基础等构件中的纵向受力筋及箍筋)的用量比例,按表3-9所示的规则评分,最高得10分。

表3-9 400MPa级及以上受力普通钢筋评分规则

400MPa级及以上受力普通钢筋比例 R_{sb}	得分
$30\% \leqslant R_{sb} < 50\%$	4
$50\% \leqslant R_{sb} < 70\%$	6
$70\% \leqslant R_{sb} < 85\%$	8
$\geqslant 85\%$	10

② 混凝土竖向承重结构采用强度不小于C50混凝土用量占竖向承重结构中混凝土总量的比例达到50%,得10分。

(2) 对于钢结构,其Q345及以上高强钢材的用量达到钢材总量的50%,得8分;达到70%,得10分。

(3) 对于混合结构[指由钢框架或型钢(钢管)混凝土框架与钢筋混凝土筒体所组成的共同承受竖向和水平作用的高层建筑结构],对其混凝土结构部分和钢结构部分,分别按本条第(1)款和第(2)款进行评价,得分取两项得分的平均值。

2. 条文说明

本条所涉及的高强建筑结构材料主要包括高强钢筋、高强混凝土、高强钢材等。400MPa级及以上钢筋,包括HRB400、HRB500、HRBF400、HRBF500等钢筋。

本条中的混合结构系指钢框架或型钢(钢管)混凝土框架与钢筋混凝土筒体所组成的共同承受竖向和水平作用的高层建筑结构。

3. 评价方式

本条适用于各类民用建筑的设计、运行评价。砌体结构、木结构建筑不参评。

本条第(1)~(3)款分别对混凝土结构、钢结构、混合结构进行评分,各款分值均为10分,评价时按材料结构类型对应的款评价。其中,第(1)款又分两项,分别对钢筋、混凝土进行评价,每项最高得分均为10分,取较高得分作为该项得分。

设计评价:查阅建筑及结构施工图纸、高强度材料用量比例计算书,审核高强材料的计算合理性及设计用量比例。对混凝土结构,需提供混凝土竖向承重结构中高强混凝土的使用比例计算书、高强钢筋的使用比例计算书。对于钢结构,需提供高强度的使用比例计算书。对于钢混结构,需提供高强钢筋、高强混凝土和高强度钢的比例计算书。

运行评价:查阅结构竣工图、高强度材料用量比例计算书,材料决算清单中有关钢材、钢筋、混凝土的使用情况,高强材料性能检测报告,并审查其计算合理性及实际用量比例。

3.4.2 实训任务

根据某学校所提供的三栋建筑的高强度钢比例用量表(表3-10),分别完成1号、2号、3号三栋建筑的“高强度钢使用比例计算书”中的内容。

表3-10 高强度钢比例用量表

建筑名称	建筑类型		材料名称	用量/t
1号(教学楼)	混凝土结构		400MPa级以下受力普通钢筋用量	143.41
			400MPa级及以上受力普通钢筋用量	342.36
			钢材总用量	485.77
2号(体育馆)	钢结构		Q345以下高强度钢材用量	125.61
			Q345及以上高强度钢材用量	351.62
			钢材总用量	477.23
3号(食堂)	混合结构	混凝土结构 钢结构	400MPa级以下受力普通钢筋用量	143.41
			400MPa级及以上受力普通钢筋用量	342.36
			钢材总用量	485.77
			Q345以下高强度钢材用量	125.61
			Q345及以上高强度钢材用量	351.62
			钢材总用量	477.23

高强度钢使用比例计算书

1. 项目概述

项目名称:某学校建筑。

评价依据:《绿色建筑评价标准》(GB/T 50378—2014)评分项第7.2.10条“合理采用高强建筑结构材料”。

评分细则：合理采用高强建筑结构材料，评价总分值为 10 分，并按下列规则评分。

(1) 混凝土结构评价标准如下。

① 对于混凝土结构，400MPa 级及以上受力普通钢筋(包括梁、柱、墙、板、基础等构件中的纵向受力筋及箍筋)的用量比例，按表 3-11 所示的规则评分，最高得 10 分。

表 3-11　400MPa 级及以上受力普通钢筋评分规则

400MPa 级及以上受力普通钢筋比例 R_{sb}	得分
$30\% \leqslant R_{sb} < 50\%$	4
$50\% \leqslant R_{sb} < 70\%$	6
$70\% \leqslant R_{sb} < 85\%$	8
$\geqslant 85\%$	10

② 混凝土竖向承重结构采用强度不小于 C50 混凝土用量占竖向承重结构中混凝土总量的比例达到 50%，得 10 分。

(2) 对于钢结构，其 Q345 及以上高强钢材的用量达到钢材总量的 50%，得 8 分；达到 70%，得 10 分。

(3) 对于混合结构[指由钢框架或型钢(钢管)混凝土框架与钢筋混凝土筒体所组成的共同承受竖向和水平作用的高层建筑结构]，对其混凝土结构部分和钢结构部分，分别按本条第(1)款和第(2)款进行评价，得分取两项得分的平均值。

2. 高强度钢判定和计算

根据某高校所提供 1 号教学楼、2 号体育馆、3 号食堂三栋建筑的高强度钢比例用量表(表 3-10)，判定项目的建筑结构形式(□混凝土结构　□钢结构　□混合结构)(砌体结构、木结构建筑不参评)，完成 1 号、2 号、3 号建筑的高强度钢比例计算表(表 3-12)。

表 3-12　高强度钢比例计算表

建筑名称	建筑类型	材料名称	用量及比例
1 号(教学楼)		400MPa 级以下受力普通钢筋用量/t	
		400MPa 级及以上受力普通钢筋用量/t	
		钢材总用量/t	
		400MPa 级及以上受力普通钢筋用量占总量的比例/%	
2 号(体育馆)		Q345 以下高强度钢材用量/t	
		Q345 及以上高强度钢材用量/t	
		钢材总用量/t	
		Q345 及以上高强度钢材用量占钢材总量的比例/%	
3 号(食堂)	混凝土结构	400MPa 级以下受力普通钢筋用量/t	
		400MPa 级及以上受力普通钢筋用量/t	
		钢材总用量/t	
		400MPa 级及以上受力普通钢筋用量占总量的比例/%	
	钢结构	Q345 以下高强度钢材用量/t	
		Q345 及以上高强度钢材用量/t	
		钢材总用量/t	
		Q345 及以上高强度钢材用量占钢材总量的比例/%	

3. 分析结论

对于1号项目教学楼：

建筑形式为混凝土结构，本项目的400MPa级及以上受力普通钢筋用量占总量的比例为________%。参照《绿色建筑评价标准》(GB/T 50378—2014)评分项第7.2.10条“合理采用高强建筑结构材料”，可得________分。

对于2号项目体育馆：

建筑形式为钢结构，本项目Q345及以上高强度钢材用量占钢材总量的比例为________%。参照《绿色建筑评价标准》(GB/T 50378—2014)评分项第7.2.10条“合理采用高强建筑结构材料”，可得________分。

对于3号项目食堂：

建筑形式为混合结构，本项目的400MPa级及以上受力普通钢筋用量占总量的比例为________%，可得________分；Q345及以上高强度钢材用量占钢材总量的比例为________%，可得________分。参照《绿色建筑评价标准》(GB/T 50378—2014)评分项第7.2.10条“合理采用高强建筑结构材料”，平均可得________分。

模块4 室内环境质量

实训任务4.1 建筑隔声及室内噪声级计算

实训目的：通过本实训任务的训练，能够利用斯维尔建筑隔声 SIDU 2016 进行隔声模拟分析，计算出外墙、隔墙、楼板和门窗的隔声性能及主要功能房间的室内噪声级，掌握建筑隔声和室内背景噪声的分析与评价方法。

实训要求：根据提供的任务信息及电子版图纸，利用斯维尔绿色建筑系列分析软件（建筑隔声 SIDU 2016）进行建筑隔声模拟分析，输出并打印“建筑隔声及室内噪声级计算报告”1份（格式为A4纸彩色打印）。

学时安排：2学时。

辅助工具：计算机辅助设计软件（CAD）、斯维尔绿色建筑系列分析软件（建筑隔声 SIDU 2016）、办公软件（Word、Excel）、计算机等。

4.1.1 实训指导

1. 评价标准

《绿色建筑评价标准》（GB/T 50378—2014）评分项第8.1.1条规定：“主要功能房间的室内噪声级应满足现行国家标准《民用建筑隔声设计规范》（GB 50118—2010）中的低限要求。”

《绿色建筑评价标准》（GB/T 50378—2014）评分项第8.1.2条规定：“主要功能房间的外墙、隔墙、楼板和门窗的隔声性能应满足现行国家标准《民用建筑隔声设计规范》（GB 50118—2010）中的低限要求。”

2. 条文说明扩展

1）室内允许噪声级

建筑设计时应对建筑主要功能房间的室内和室外噪声源进行控制（室内噪声源一般为通风空调设备、日用电器等；室外噪声源包括来自于建筑其他房间的噪声，如电梯噪声和空调设备噪声等，以及来自建筑外部，如交通噪声、社会噪声、工业噪声等），保证主要功能房间的室内噪声级满足现行国家标准《民用建筑隔声设计规范》（GB 50118—2010）中的低限要求（表4-1）。具体设计应遵循以下原则。

（1）当存在下列情况之一时，应采取相应的隔振降噪措施。

① 噪声敏感建筑沿交通干线两侧布置。

② 产生噪声的民用建筑附属设施（如锅炉房、水泵房）可能对噪声敏感建筑物产生干扰。

③ 噪声敏感房间布置在临街一侧或与噪声源相邻。

(2) 噪声敏感建筑物或房间应远离噪声源，噪声不敏感的建筑物或房间可作为隔声屏障。

(3) 变配电房、水泵房等设备用房的位置不应设置在住宅或重要房间的正下方或正上方。

表 4-1　主要功能房间噪声级的低限要求

建筑类型	房间名称	噪声级低限要求(A 声级)/dB
住宅建筑	卧室	≤45(昼)/≤37(夜)
	起居室(厅)	≤45
学校建筑	语音教室、阅览室	≤40
	普通教室、实验室、计算机房	≤45
	音乐教室、琴房	≤45
	舞蹈教室	≤50
	教师办公室、休息室、会议室	≤45
	健身房	≤50
	教学楼中封闭的走廊、楼梯间	≤50
办公建筑	单人办公室	≤40
	多人办公室	≤45
	电视电话会议室	≤40
	普通会议室	≤45

注：表中信息源自现行国家标准《民用建筑隔声设计规范》(GB 50118—2010)。

2) 构件隔声要求

常见的隔声处理如图 4-1 所示，主要功能房间的外墙、隔墙和门窗的空气声隔声性能，以及土建装修一体化设计的建筑楼板空气声和撞击声隔声性能应满足现行国家标准《民用建筑隔声设计规范》(GB 50118—2010)中的低限要求，构件及相邻房间之间的空气声隔声性能应达到现行国家标准《民用建筑隔声设计规范》(GB 50118—2010)中低限标准限值(表 4-2 和表 4-3)。

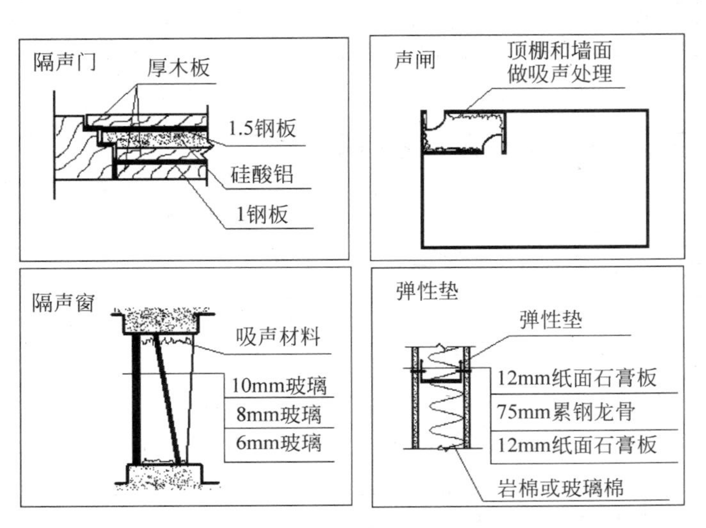

图 4-1　隔声处理实例

表 4-2　围护结构空气声隔声标准

建筑类型	构件/房间名称	空气声隔声单值评价量＋频谱修正量/dB		
		评价值名称	低限要求	高标准要求
住宅建筑	分户墙、分户楼板	计权隔声量＋粉红噪声频谱修正量 R_W+C	＞45	＞50
	户(套)门		≥25	≥30
	户内卧室墙		≥35	—
	户内其他分室墙		≥30	—
	分隔住宅和非居住用途空间的楼板	计权隔声量＋交通噪声频谱修正量 R_W+C_{tr}	＞51	—
	交通干线两侧卧室、起居室(厅)的窗		≥30	≥35
	其他窗		≥25	≥30
	外墙		≥45	≥50
	卧室、起居室(厅)与邻户房间之间	计权标准化声压级差＋粉红噪声频谱修正量 $D_{nT,w}+C$	≥45	≥50
	住宅和非居住用途空间分隔楼板上下的房间之间		≥51	—
学校建筑	语音教室、阅览室的隔墙与楼板	计权隔声量＋粉红噪声频谱修正量 R_W+C	＞50	—
	普通教室与各种产生噪声的房间之间的隔墙、楼板		＞50	—
	普通教室之间的隔墙与楼板	计权隔声量＋粉红噪声频谱修正量 R_W+C	＞45	＞50
	音乐教室、琴房之间的隔墙与楼板	计权隔声量＋粉红噪声频谱修正量 R_W+C	＞45	＞50
	产生噪声房间的门		≥25	≥30
	其他门		≥20	≥25
	外墙	计权隔声量＋交通噪声频谱修正量 R_W+C_{tr}	≥45	≥50
	邻交通干线的外窗		≥30	≥35
	其他外窗		≥25	≥30
	语音教室、阅览室与相邻房间之间	计权标准化声压级差＋粉红噪声频谱修正量 $D_{nT,w}+C$	≥50	—
	普通教室与各种产生噪声的房间之间		≥50	—
	普通教室之间		≥45	≥50
	音乐教室、琴房之间		≥45	≥50
办公建筑	办公室、会议室与普通房间之间的隔墙、楼板	计权隔声量＋粉红噪声频谱修正量 R_W+C	＞45	＞50
	门		≥20	≥25
	办公室、会议室与产生噪声的房间之间的隔墙、楼板	计权隔声量＋交通噪声频谱修正量 R_W+C_{tr}	＞45	＞50
	外墙		≥45	≥50
	邻交通干线的办公室、会议室外窗		≥30	≥35
	其他外窗		≥25	≥30
	办公室、会议室与普通房间之间	计权标准化声压级差＋粉红噪声频谱修正量 $D_{nT,w}+C$	≥50	≥45
	办公室、会议室与产生噪声的房间之间	计权标准化声压级差＋交通噪声频谱修正量 $D_{nT,w}+C_{tr}$	≥45	≥50

注：表中信息源自现行国家标准《民用建筑隔声设计规范》(GB 50118—2010)；“—”表示该项只有控制项要求；学校建筑产生噪声的房间系指音乐教室、舞蹈教室、琴房、健身房。

表 4-3 楼板撞击声隔声标准

建筑类型	楼板部位	撞击声隔声单值评价量/dB		
		评价值名称	低限要求	高标准要求
住宅建筑	卧室、起居室的分户楼板	计权规范化撞击声压级 $L_{n,w}$（实验室测量）	<75	<65
		计权规范化撞击声压级 $L'_{nT,w}$（现场测量）	≤75	≤65
学校建筑	语音教室、阅览室与上层房间之间的楼板	计权规范化撞击声压级 $L_{n,w}$（实验室测量）	<65	<55
		计权规范化撞击声压级 $L'_{nT,w}$（现场测量）	≤65	≤55
	普通教室、实验室、计算机房与上层产生噪声的房间之间的楼板	计权规范化撞击声压级 $L_{n,w}$（实验室测量）	<65	<55
		计权规范化撞击声压级 $L'_{nT,w}$（现场测量）	≤65	≤55
	音乐教室、琴房之间的楼板	计权规范化撞击声压级 $L_{n,w}$（实验室测量）	<65	<55
		计权规范化撞击声压级 $L'_{nT,w}$（现场测量）	≤65	≤55
	普通教室之间的楼板	计权规范化撞击声压级 $L_{n,w}$（实验室测量）	<75	<65
		计权规范化撞击声压级 $L'_{nT,w}$（现场测量）	≤75	≤65
办公建筑	办公室、会议室顶部的楼板	计权规范化撞击声压级 $L_{n,w}$（实验室测量）	<75	<65
		计权规范化撞击声压级 $L'_{nT,w}$（现场测量）	≤75	≤65

注：表中信息源自现行国家标准《民用建筑隔声设计规范》(GB 50118—2010)。

3. 评价方式

(1) 第 8.1.1 条适用于各类民用建筑的设计、运行评价。

设计评价查阅建筑设计平面图，审核基于环评报告室外噪声要求对室内的背景噪声影响(也包括室内噪声源影响)的分析报告以及在图纸上的落实情况,及可能有的声环境专项设计报告。

运行评价在设计评价的基础上,还应审核典型时间、主要功能房间的室内噪声检测报告。

(2) 第 8.1.2 条适用于各类民用建筑的设计、运行评价。

设计评价查阅相关设计文件(主要是维护结构的构造说明、大样图纸)、建筑构件隔声性能分析报告或建筑构件隔声性能的实验室检验报告。

运行评价在设计评价的基础上,还应查阅相关竣工图、房间之间空气声隔声性能、楼板撞击声隔声性能的现场检验报告,并现场核查。

4. 软件操作流程

1) 打开软件

在桌面上选择“建筑隔声 SIDU 2016”,双击打开软件。

2) 打开图纸

单击下拉菜单栏中的“文件”按钮,打开建筑平面图纸。

3) 建立模型

建立单体模型,具体步骤详见模块 2“2.1.1 实训指导”。

4) 隔声计算

以下操作均在左侧菜单栏中的“隔声计算”展开栏中进行。

工程设置:单击“工程设置”按钮,设置本工程的建设地点、名称、建设单位、设计单位及建筑类型等内容。

房间类型:单击“房间类型”按钮,依次赋予各功能房间噪声级限值。

工程构造:单击“工程构造”按钮,依次设置外墙、屋面、地面、隔墙、楼板、门窗等构造做法。

隔声参数:单击“隔声参数”按钮,依次设置空气声和撞击声的隔声参数(选择与当前构造最接近的构造隔声参数)。

吸声参数:单击“吸声参数”按钮,依次设置内外围护结构的吸声参数(选择与当前构造最接近的构造吸收参数)。

建筑隔声:单击“建筑隔声”按钮,等待软件自动计算完成,弹出对话框,对室内背景噪声级和围护结构隔声进行查看。红色字体表示该构造做法没有满足低限要求,应对隔声参数或者工程构造进行调整后再计算。

5) 生成报告

展开左侧菜单栏中的“隔声计算”,单击“隔声报告”按钮,等待软件自动生成计算报告并保存。

4.1.2 实训任务

某公寓式办公建筑位于长沙市区中心区域,为 24 层一类高层公共建筑(1、2 层为商店,3 至 24 层为办公),其单体标准层建筑平面图如图 4-2 所示。

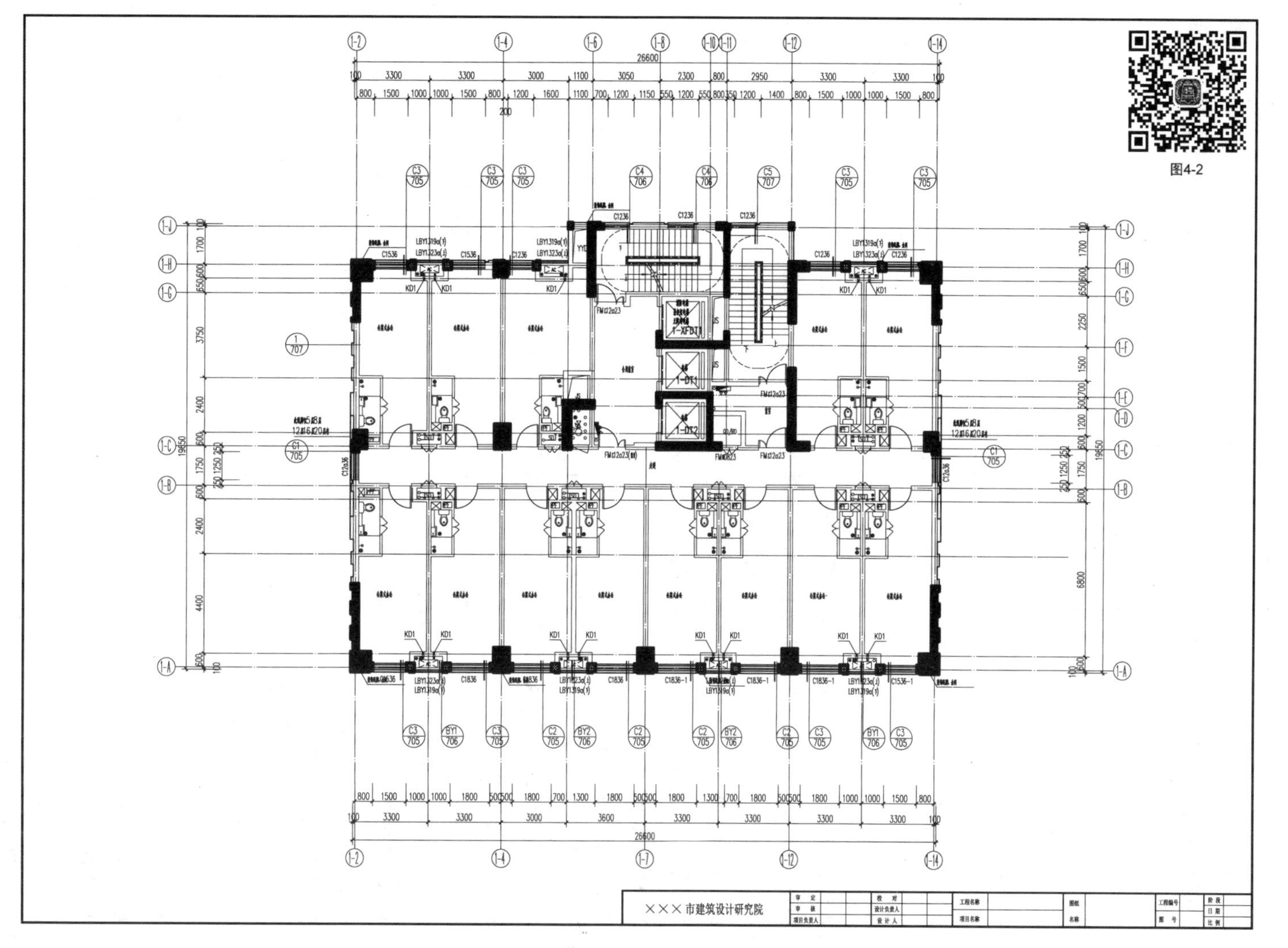

图 4-2　某公寓式办公建筑标准层建筑平面图

该建筑围护结构构造做法如下。

1）屋顶构造：平屋面（难燃型挤塑聚苯板）（由外到内）

C20细石混凝土40mm＋难燃型挤塑聚苯板70mm＋合成高分子防水涂料2mm＋自粘聚合物改性沥青防水卷材2mm＋1∶2.5水泥砂浆20mm＋1∶8陶粒混凝土找坡2%（最薄处30mm）＋钢筋混凝土120mm＋水泥砂浆20mm。

2）外墙构造：外墙（难燃型挤塑聚苯板）（由外到内）

水泥砂浆20mm＋加气混凝土砌块200mm＋专用界面剂5mm＋难燃型挤塑聚苯板45mm＋石膏板10mm。

3）隔墙构造：粉煤灰陶粒混凝土

石灰砂浆20mm＋粉煤灰陶粒混凝土200mm＋石灰砂浆20mm。

4）外窗构造

断热铝合金LOW-E中空玻璃（6高透光＋12A＋6透明）。

5）楼板构造

水泥砂浆20mm＋钢筋混凝土楼板100mm＋石灰砂浆15mm。

根据提供的电子版图纸和构造做法，利用软件计算室内噪声级和建筑构件隔声性能，并输出计算报告1份，该报告应包含以下内容。

1. 项目概况

主要包括工程名称、建筑面积、建筑层数、建筑高度等基本信息。

2. 标准依据

主要包括《绿色建筑评价标准》（GB/T 50378—2014）、《民用建筑隔声设计规范》（GB 50118—2010）、《建筑隔声评价标准》（GB/T 50121—2005）、《建筑声学设计手册》（中国建筑工业出版社出版）、《建筑隔声设计——空气声隔声技术》（中国建筑工业出版社出版）等。

3. 评价要求

主要为《绿色建筑评价标准》（GB/T 50378—2014）和《民用建筑隔声设计规范》（GB 50118—2010）中对建筑隔声及室内背景噪声要求。

4. 计算方法

主要包括空气声隔声、撞击声隔声、室内背景噪声级计算方法介绍。

5. 围护结构做法

主要包括外墙、屋面、隔墙、楼板、窗户等构造做法介绍。

6. 计算过程及结果

主要包括空气声隔声计算、撞击声隔声计算及室内噪声级计算。

7. 结论

根据计算结果，针对《绿色建筑评价标准》（GB/T 50378—2014）评分项第8.2.1条和第8.2.2条内容，对该项目的建筑隔声及室内背景噪声级进行评价与总结。

4.1.3 成果示范

成果示范参考图4-3。

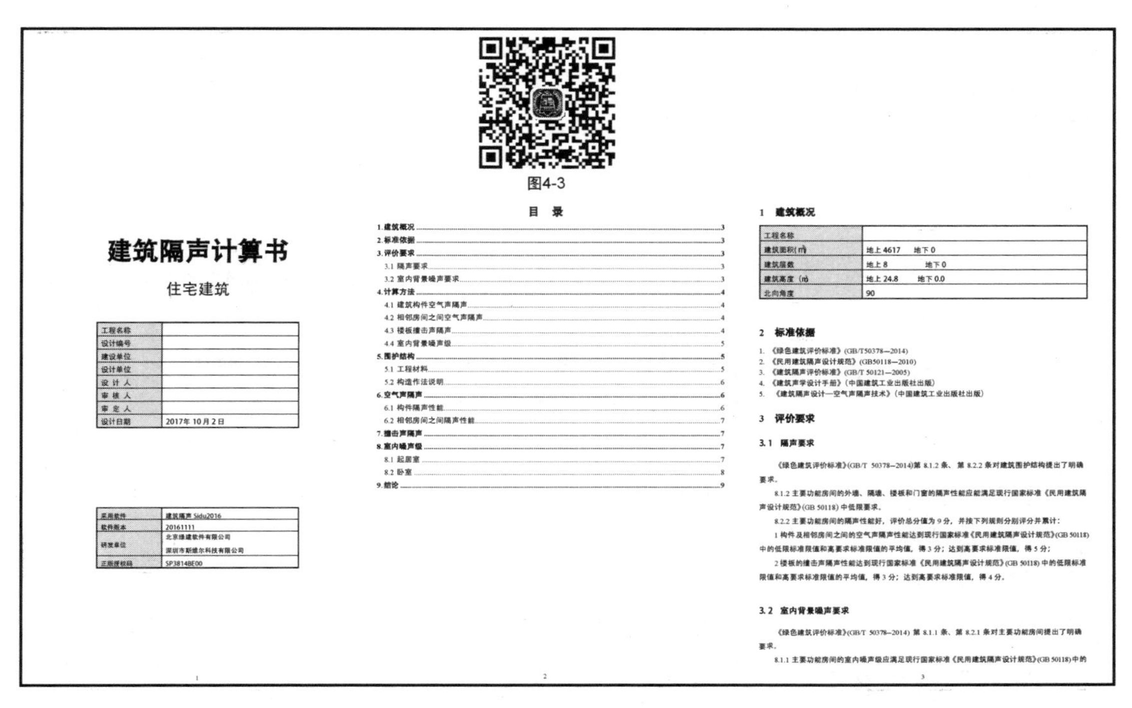

图4-3

建筑隔声计算书

住宅建筑

工程名称	
设计编号	
建设单位	
设计单位	
设 计 人	
审 核 人	
审 定 人	
设计日期	2017年 10月 2日

采用软件	建筑隔声 Sidu2016
软件版本	20161111
研发单位	北京绿建软件有限公司 深圳市斯维尔科技有限公司
正版授权码	SP3814BE00

1

目 录

2

1 建筑概况

工程名称	
建筑面积(㎡)	地上 4617 地下 0
建筑层数	地上 8 地下 0
建筑高度(m)	地上 24.8 地下 0.0
北向角度	90

2 标准依据

1. 《绿色建筑评价标准》(GB/T50378—2014)
2. 《民用建筑隔声设计规范》(GB50118—2010)
3. 《建筑隔声评价标准》(GB/T 50121—2005)
4. 《建筑声学设计手册》(中国建筑工业出版社出版)
5. 《建筑隔声设计—空气声隔声技术》(中国建筑工业出版社出版)

3 评价要求

3.1 隔声要求

《绿色建筑评价标准》(GB/T 50378—2014)第 8.1.2 条、第 8.2.2 条对建筑围护结构提出了明确要求。

8.1.2 主要功能房间的外墙、隔墙、楼板和门窗的隔声性能应能满足现行国家标准《民用建筑隔声设计规范》(GB 50118)中低限要求。

8.2.2 主要功能房间的隔声性能好，评价总分值为 9 分，并按下列规则分别评分并累计：

1 构件及相邻房间之间的空气声隔声性能达到现行国家标准《民用建筑隔声设计规范》(GB 50118)中的低限标准限值和高要求标准限值的平均值，得 3 分；达到高要求标准限值，得 5 分；

2 楼板的撞击声隔声性能达到现行国家标准《民用建筑隔声设计规范》(GB 50118)中的低限标准限值和高要求标准限值的平均值，得 3 分；达到高要求标准限值，得 4 分。

3.2 室内背景噪声要求

《绿色建筑评价标准》(GB/T 50378—2014) 第 8.1.1 条、第 8.2.1 条对主要功能房间提出了明确要求。

8.1.1 主要功能房间的室内噪声级应满足现行国家标准《民用建筑隔声设计规范》(GB 50118)中的

3

图 4-3 建筑隔声计算书

实训任务 4.2 二维结露计算

实训目的：通过本实训任务的训练，熟练掌握斯维尔绿色建筑系列分析软件(建筑节能 BECS 2016)关于建筑结露模拟计算的操作流程及应用。

实训要求：根据模块 2 实训任务 2.1 中的居住建筑模型，利用斯维尔绿色建筑系列分析软件(建筑节能 BECS 2016)，完成该居住建筑的结露计算，输出并打印“结露检查报告”1 份(格式为 A4 纸彩色打印)。

学时安排：2 学时。

辅助工具：计算机辅助设计软件(CAD)、斯维尔绿色建筑系列分析软件(节能分析软件)、办公软件(Word、Excel)、计算机等。

4.2.1 实训指导

1. 评价标准

根据《绿色建筑评价标准》(GB/T 50378—2014)中第 8.1.5 条规定：“在室内设计温、湿度条件下，建筑围护结构内表面不得结露。”

2. 条文说明扩展

围护结构内表面结露会造成霉变，一方面会破坏饰面层，影响美观和使用，同时也会污染室内空气，损害使用者的身体健康。因此，应确保建筑围护结构热桥部位的内表面温度，如长沙市地区冬季不得低于室内空气露点温度10.15℃。

围护结构结露验算，需满足国家标准《民用建筑热工设计规范》(GB 50176—2016)中第7.2节的要求。

7.2.1 冬季室外计算温度 t_e 低于0.85℃时，应对围护结构中的热桥部位进行内表面结露验算。

7.2.2 围护结构热桥部位的内表面温度应通过二维或三维传热计算得到。

7.2.3 热桥部位的热桥计算应符合以下要求。

(1) 计算软件

计算软件应通过相关评审，以确保计算的正确性。

软件的输入、输出应便于检查，计算结果清晰、直观。

(2) 边界条件

外表面：第三类边界条件，室外计算温度 t_e，对流换热系数23.0W/(m^2·K)。

内表面：第三类边界条件，室内计算温度18℃，对流换热系数8.7W/(m^2·K)。

其他边界：第三类边界条件，热流密度0W/m^2。

室内空气相对湿度：60%。

(3) 计算模型

根据实际情况确定选择二维还是三维传热计算；在二维传热模型中与热流方向平行的两条边界按对称(或足够远)的原则选取，保证越过这四个边界面的热流为零；模型的几何尺寸与材料应与节点构造设计一致；距离较小的热桥应合并计算。

7.2.4 当热桥内表面温度低于室内空气露点温度时，应在热桥部位采取保温措施，并确保处理后的热桥内表面不发生表面结露。

3. 评价方式

本条适用于各类民用建筑的设计、运行评价。如项目所在地为温和地区和夏热冬暖地区，或项目没有采暖需求，该条不参评。

设计运行查阅围护结构施工图、节点大样图、结露验算计算书等。

运行评价除查阅设计阶段相关文件，还应查阅相关竣工图，并现场核查。

4. 软件操作流程

1) 建立模型

具体操作请参照模块2中的实训任务2.1下的2.1.1。

2) 结露计算前项目设置

具体操作请参照模块2中的实训任务2.1下的2.1.1。

3) 节点表的建立

步骤1：选择“节点”→“插节点表”命令，弹出“节点表参数”对话框，可选择“插入模板”命令。

步骤 2：若节点表行数不够，可用鼠标靠近表格，右击，在弹出的快捷菜单中选择“表行编辑”命令来追加节点表行数。

4）节点表中节点内容的修改或绘制

根据项目实际情况修改或者绘制节点表中模板所对应的内容，并计算其线性传热系数；下面以“外墙—内墙（WI）”节点为例，演示绘制过程，其具体操作如下。

步骤 1：绘制钢筋混凝土外墙。具体操作：选择“节点”→“建材料块”命令，弹出“矩形材料块参数”对话框，单击从库中选择材料，双击钢筋混凝土，输入外墙厚度为 200，长度为 1200。

步骤 2：绘制内墙。参照外墙的绘制方法，具体操作：选择外墙中点处向右，绘制钢筋混凝土内墙，输入厚度为 600，长度为 600；建立主体结构部分，取 600 长；建立材料块时程序会自动分格。

命令行输入 str，拉伸外墙较短一端，输入 200，使内墙位于外墙中点位置。

步骤 3：加保温层。具体操作：单击从库中选择材料，选中挤塑聚苯板；选择填充图案；输入保温层厚度；沿混凝土外皮绘制保温层。

步骤 4：修改材料块的边界。选择“节点”→“热桥边界”命令，只需要设置室外（绿色）、室内（黄色）和绝热（红色）；所建的材料边界有两种：同材（蓝色）和异材（白色），程序会自动处理。

双击材料块，材料分格，对一块材料进行分格，相邻材料会自动响应。

步骤 5：添加传热基线，选择“节点”→“传热基线”命令，绘制在外墙的基线，注意剖线要剖到外墙主体结构。

步骤 6：标注尺寸（ccbz）。

步骤 7：计算传热系数，选择“节点”→“线性传热”命令。弹出“现行传热计算参数”对话框，单击求解方法下拉菜单，选择采用“矩阵求逆法”命令，此法结果更精确。

5）生成结露报告书

选择“计算”→“结露检查”命令，弹出“结露检查”对话框，单击“全部计算”按钮，计算完成后，单击“生成报告书”按钮即可。

4.2.2 实训任务

根据模块 2 中的实训任务 2.1 中的居住建筑模型及构造做法，利用斯维尔建筑节能 BECS 2016，完成该居住建筑的结露计算。该报告应包含以下内容。

1. 建筑概况

工程名称、工程地点、气候子区、建筑面积、建筑层数、建筑高度、北向角度以及结构类型等。

2. 评价依据

项目所在地区（省份）现行的建筑节能设计标准。

《民用建筑热工设计规范》（GB 50176—2016）。

《绿色建筑评价标准》(GB/T 50378—2014)。

其他相关规定、规范标准、技术章程等。

3. 评价目标与方法

(1) 依据《民用建筑热工设计规范》(GB 50176—2016)要求和规定，在室内设计温、湿度条件下验算建筑屋面和外墙热桥部分的内表面是否有结露现象。

(2) 依据建筑屋面和外墙热桥部分的内表面温度计算，判断是否符合《绿色建筑评价标准》(GB/T 50378—2014)“围护结构的内表面在室内设计温、湿度条件下无结露现象”的要求。

4. 评价内容

计算条件和露点温度、热桥节点图和内表面温度计算、外墙—楼板(WF)节点、外墙—挑空楼板(WA)节点、外墙—外墙(WO)节点、外墙—内墙(WI)节点、门窗左右(WS)节点、门窗上口(WU)节点、门窗下口(WD)节点。

5. 结论

根据统计结果，判定项目围护结构内表面最低温度是否大于室内露点温度，是否符合《绿色建筑评价标准》(GB/T 50378—2014)相关条文的要求。

4.2.3 成果示范

成果示范见图 4-4。

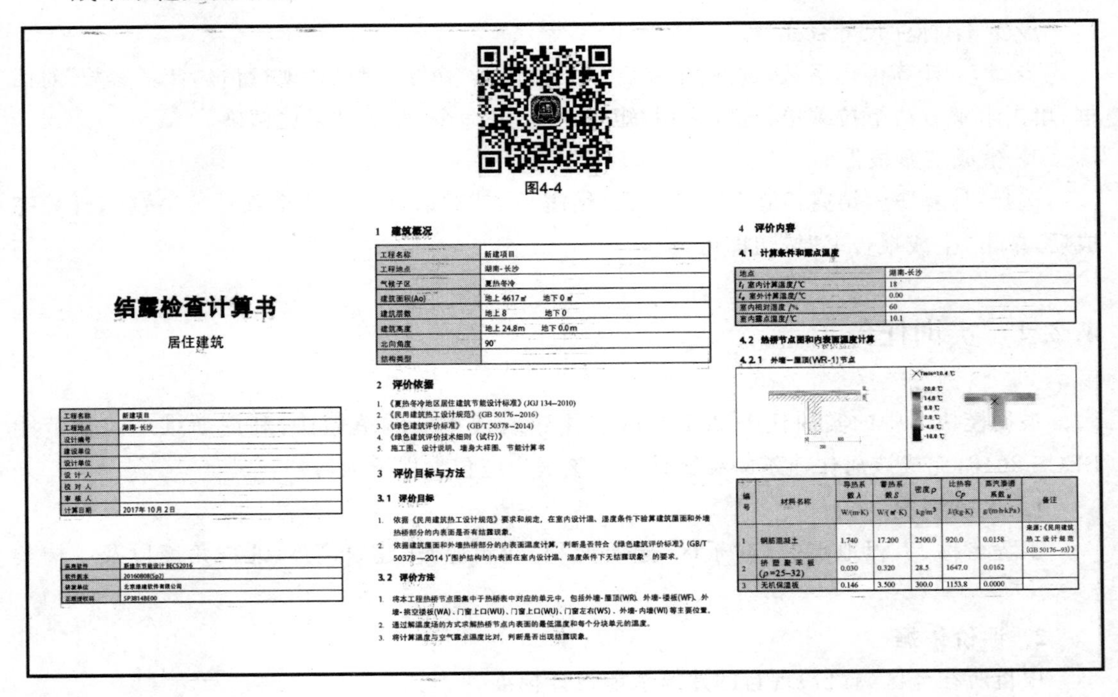

图4-4

结露检查计算书

居住建筑

工程名称	新建项目
工程地点	湖南-长沙
设计编号	
建设单位	
设计单位	
设 计 人	
校 对 人	
审 核 人	
计算日期	2017年10月2日

采用软件	斯维尔节能设计 BECS2016
软件版本	20160808(Sp2)
研发单位	北京绿建软件有限公司
正版授权码	SP3814BE00

1 建筑概况

工程名称	新建项目
工程地点	湖南-长沙
气候子区	夏热冬冷
建筑面积(Ao)	地上 4617㎡　地下 0㎡
建筑层数	地上 8　地下 0
建筑高度	地上 24.8m　地下 0.0m
北向角度	90°
结构类型	

2 评价依据

1. 《夏热冬冷地区居住建筑节能设计标准》(JGJ 134—2010)
2. 《民用建筑热工设计规范》(GB 50176—2016)
3. 《绿色建筑评价标准》 (GB/T 50378—2014)
4. 《绿色建筑评价技术细则（试行)》
5. 施工图、设计说明、墙身大样图、节能计算书

3 评价目标与方法

3.1 评价目标

1. 依据《民用建筑热工设计规范》要求和规定，在室内设计温、湿度条件下验算建筑屋面和外墙热桥部分的内表面是否有结露现象。
2. 依据建筑屋面和外墙热桥部分的内表面温度计算，判断是否符合《绿色建筑评价标准》(GB/T 50378—2014)"围护结构的内表面在室内设计温、湿度条件下无结露现象”的要求。

3.2 评价方法

1. 将本工程热桥节点图集中于热桥表中对应的单元中，包括外墙-屋顶(WR)、外墙-楼板(WF)、外墙-挑空楼板(WA)、门窗上口(WU)、门窗上口(WU)、门窗左右(WS)、外墙-内墙(WI)等主要位置。
2. 通过解温度场的方式求解热桥节点内表面的最低温度和每个分块单元的温度。
3. 将计算温度与空气露点温度比对，判断是否出现结露现象。

4 评价内容

4.1 计算条件和露点温度

地点	湖南-长沙
t_i 室内计算温度/℃	18
t_e 室外计算温度/℃	0.00
室内相对湿度 /%	60
室内露点温度/℃	10.1

4.2 热桥节点图和内表面温度计算

4.2.1 外墙—屋顶(WR-1)节点

编号	材料名称	导热系数λ	蓄热系数S	密度ρ	比热容Cp	蒸汽渗透系数μ	备注
		W/(m·K)	W/(㎡·K)	kg/m³	J/(kg·K)	g/(m·h·kPa)	
1	钢筋混凝土	1.740	17.200	2500.0	920.0	0.0158	来源:《民用建筑热工设计规范(GB 50176—93)》
2	挤塑聚苯板(ρ=25—32)	0.030	0.320	28.5	1647.0	0.0162	
3	无机保温板	0.146	3.500	300.0	1153.8	0.0000	

图 4-4　结露检查计算书

实训任务4.3 隔热计算

实训目的：通过本实训任务的训练，熟练掌握斯维尔绿色建筑系列分析软件关于建筑隔热模拟计算的操作流程及应用。

实训要求：根据模块2中的实训任务2.1中的居住建筑模型，利用斯维尔建筑节能BECS 2016，完成该居住建筑的隔热计算，并输出隔热检查报告1份。

学时安排：2学时。

辅助工具：计算机辅助设计软件(CAD)、斯维尔绿色建筑系列分析软件(建筑节能BECS 2016)、办公软件(Word、Excel)、计算机等。

4.3.1 实训指导

1. 评价标准

根据《绿色建筑评价标准》(GB/T 50378—2014)中第8.1.6条规定："屋顶和东、西外墙隔热性能应满足现行国家标准《民用建筑热工设计规范》(GB 50176—2016)的要求。"

2. 条文说明扩展

外墙在给定两侧空气温度及变化规律的情况下，内表面最高温度应符合《民用建筑热工设计规范》(GB 50176—2016)(修订报批稿)表6.1.1的要求。屋顶在给定两侧空气温度及变化规律的情况下，屋顶内表面最高温度应符合《民用建筑热工设计规范》(GB 50176—2016)(修订报批稿)表6.2.1的要求。

3. 评价目标

(1) 依据《民用建筑热工设计规范》(GB 50176—2016)和《绿色建筑评价标准》(GB/T 50378—2014)的要求和规定，屋顶和东、西向外墙的隔热性能应满足要求。

(2) 通过房间围护结构的内表面温度计算，判断是否不大于《民用建筑热工设计规范》(GB 50176—2016)给出的内表面最高温度。

4. 评价方式

本条适用于各类民用建筑的设计、运行评价。

设计评价查阅围护结构热工设计图纸或文件，以及专项计算分析报告。

目前，寒冷地区多采用外墙外保温系统，夏热冬冷地区多采用外墙外保温或外墙内外符合保温系统，如完全按照地方明确的节能构造图集进行设计，可直接判定隔热验算通过。

运行评价查阅相关竣工文件，并按现场核查。

5. 上机操作流程

1) 建筑模型的建立

具体操作请参照模块2中的实训任务2.1下的2.1.1。

2) 隔热计算前项目参数设置

具体操作请参照模块2中的实训任务2.1下的2.1.1。

3) 隔热计算

选择"计算"→"隔热计算"命令，弹出"隔热计算"对话框，勾选"屋顶构造"为"东外墙构造”及“西外墙构造”，最后单击“输出报告”按钮即可。

4.3.2 实训任务

根据模块 2 实训任务 2.1 中的居住建筑模型和构造做法，利用斯维尔建筑节能 BECS 2016，完成该居住建筑的隔热计算，并输出隔热检查报告 1 份。该报告书应包含以下内容。

(1) 建筑概况：工程名称、工程地点、气候子区、建筑面积、建筑层数、建筑高度、北向角度以及结构类型等。

(2) 评价依据：参考项目所在地区（省份）的建筑节能设计标准、《民用建筑热工设计规范》(GB 50176—2016)、《绿色建筑评价标准》(GB/T 50378—2014)、《绿色建筑评价技术细则(试行)》及施工图、设计说明、墙身大样图以及节能计算书等。

(3) 评价目标与方法：评价目标、评价方法。

(4) 工程材料：构造材料表。

(5) 工程构造：屋顶构造、外墙构造。

(6) 隔热计算结果：判断该建筑的屋顶和东、西外墙内表面的最高温度是否低于《民用建筑热工设计规范》(GB 50176—2016)中规定的该地区室外技术温度的最高值。

(7) 附录：屋顶和东、西外墙内表面最高温度计算过程。

4.3.3 成果示范

成果示范见图 4-5。

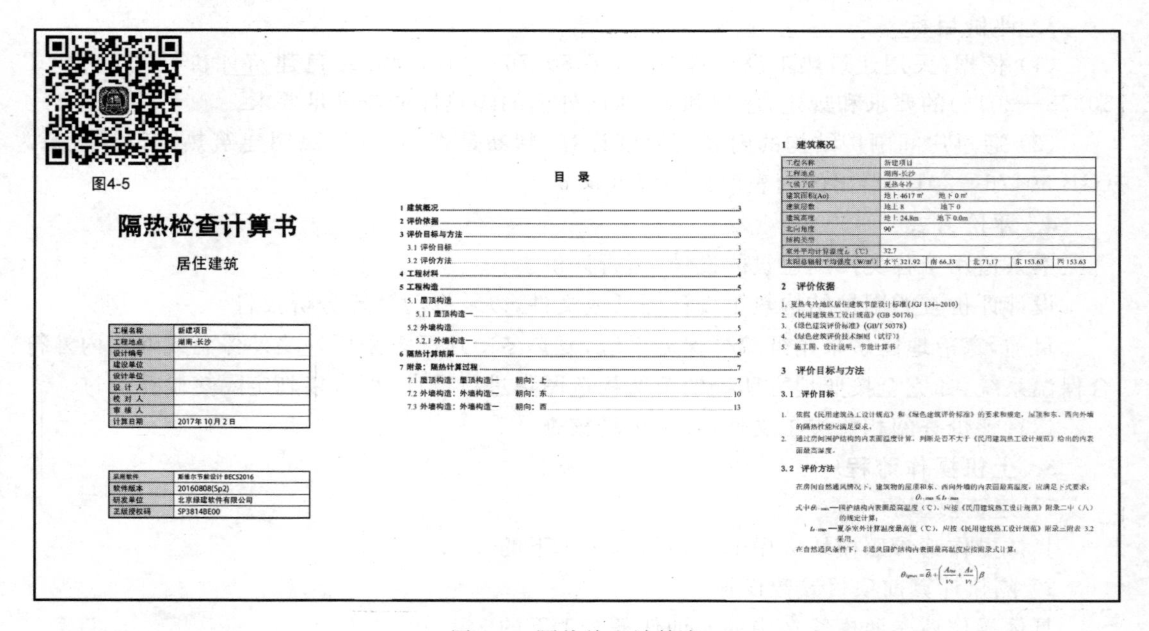

图4-5

隔热检查计算书

居住建筑

工程名称	新建项目
工程地点	湖南-长沙
设计编号	
建设单位	
设计单位	
设 计 人	
校 对 人	
审 核 人	
计算日期	2017年10月2日

采用软件	斯维尔节能设计 BECS2016
软件版本	20160808(Sp2)
研发单位	北京绿建软件有限公司
正版授权码	SP3814BE00

目 录

1 建筑概况

工程名称	新建项目				
工程地点	湖南-长沙				
气候子区	夏热冬冷				
建筑面积(Ao)	地上 4617 m² 地下 0 m²				
建筑层数	地上 8 地下 0				
建筑高度	地上 24.8m 地下 0.0m				
北向角度	90°				
结构类型					
室外平均计算温度 $\bar{t}_e$ (℃)	32.7				
太阳总辐射平均强度 (W/m²)	水平 321.92	南 66.33	北 71.17	东 153.63	西 153.63

2 评价依据

1. 夏热冬冷地区居住建筑节能设计标准(JGJ 134—2010)
2. 《民用建筑热工设计规范》(GB 50176)
3. 《绿色建筑评价标准》(GB/T 50378)
4. 《绿色建筑评价技术细则（试行）》
5. 施工图、设计说明、节能计算书

3 评价目标与方法

3.1 评价目标

1. 依据《民用建筑热工设计规范》和《绿色建筑评价标准》的要求和规定，屋顶和东、西向外墙的隔热性能应满足要求。
2. 通过房间围护结构的内表面温度计算，判断是否不大于《民用建筑热工设计规范》给出的内表面最高温度。

3.2 评价方法

在房间自然通风情况下，建筑物的屋顶和东、西向外墙的内表面最高温度，应满足下式要求：

$$\theta_{i\cdot max} \leq t_{e\cdot max}$$

式中 $\theta_{i\cdot max}$—围护结构内表面最高温度（℃），应按《民用建筑热工设计规范》附录二中（八）的规定计算；

$t_{e\cdot max}$—夏季室外计算温度最高值（℃），应按《民用建筑热工设计规范》附录三附表 3.2 采用。

在自然通风条件下，非通风围护结构内表面最高温度应按附录式计算：

$$\theta_{i\cdot max} = \bar{\theta}_i + \left(\frac{A_{ta}}{\nu_0} + \frac{A_{tt}}{\nu_f}\right)\beta$$

图 4-5 隔热检查计算书

实训任务4.4 室内自然采光模拟分析

实训目的：通过本实训任务的训练，能够利用斯维尔采光分析 Dali 2016 进行采光模拟分析，计算出主要功能房间的采光系数，掌握绿色建筑室内光环境的分析与评价方法。

实训要求：根据提供的任务信息及电子图纸，利用斯维尔绿色建筑系列分析软件（采光分析 Dali 2016）进行建筑采光模拟分析，输出并打印"建筑采光分析报告"1份（格式为A4纸彩色打印）。

学时安排：4学时。

辅助工具：计算机辅助设计软件（CAD）、斯维尔绿色建筑系列分析软件（采光分析 Dali 2016）、办公软件（Word、Excel）、计算机等。

4.4.1 实训指导

1. 评价标准

《绿色建筑评价标准》（GB/T 50378—2014）评分项第8.2.6条，主要功能房间的采光系数应满足现行国家标准《建筑采光设计标准》（GB 50033—2013）的要求，评价总分值为8分，并按下列规则评分。

（1）居住建筑：卧室、起居室的窗地面积比达到1/6，得6分；达到1/5得8分。

（2）公共建筑：根据主要功能房间采光系数满足现行国家标准《建筑采光设计标准》（GB 50033—2013）要求的面积比例，按表4-4所示的规则评分，最高得8分。

表4-4 公共建筑主要功能房间采光评分规则

面积比例 R_A	得分	面积比例 R_A	得分
$60\% \leq R_A < 65\%$	4	$75\% \leq R_A < 80\%$	7
$65\% \leq R_A < 70\%$	5	$R_A \geq 80\%$	8
$70\% \leq R_A < 75\%$	6		

2. 条文说明

1）气候分区和光气候系数

室外的天空状况严重影响建筑室内的自然采光效果，而室外的天空状况又随着季节和气候的变化而不同，建筑室内自然采光分析时需要采用全阴天的天空状况进行分析，以确保室内的自然采光效果。

由于各地光气候资源条件存在差异，不同地区相同建筑类型建筑采光系数要求各不相同。如项目位于长沙市，属于Ⅳ类光气候区，根据《建筑采光设计标准》（GB 50033—2013）的规定，采光系数标准值应乘以相应地区的光气候系数 K，不同地区光气候系数如表4-5所示。

表4-5 不同地区光气候系数表

光气候区	Ⅰ	Ⅱ	Ⅲ	Ⅳ	Ⅴ
K 值	0.85	0.90	1.00	1.10	1.20
室外天然光设计照度值 E_s/lx	18000	16500	15000	13500	12005

2）采光系数标准值

根据《建筑采光设计标准》(GB 50033—2013)的规定，各类型建筑的采光标准值要求如下。

条文4.0.2：住宅建筑的卧室、起居室(厅)的采光不应低于采光等级Ⅳ级的采光标准值，侧面采光的采光系数不应低于2.0%，室内天然光照度不应低于300lx。

条文4.0.4：教育建筑的普通教室的采光不应低于采光等级Ⅲ级的采光标准值，侧面采光的采光系数不应低于3.0%，室内天然光照度不应低于450lx。

条文4.0.5：医疗建筑的一般病房的采光不应低于采光等级Ⅳ级的采光标准值，侧面采光的采光系数不应低于2.0%，室内天然光照度不应低于300lx。

条文4.0.8：办公建筑的采光标准值不应低于表4-6所示的规定。

表4-6 办公建筑采光系数标准值

采光等级	场所名称	侧面采光	
		采光系数标准值/%	室内天然光照度标准值/lx
Ⅱ	设计室、绘图室	4.0	600
Ⅲ	办公室、会议室	3.0	450
Ⅳ	复印室、档案室	2.0	300
Ⅴ	卫生间、过道、楼梯间	1.0	150

条文4.0.9：图书馆建筑的采光标准值不应低于表4-7所示的规定。

表4-7 图书馆建筑采光系数标准值

采光等级	场所名称	侧面采光	
		采光系数标准值/%	室内天然光照度标准值/lx
Ⅲ	阅览室、开架书库	3.0	450
Ⅳ	目录库	2.0	300
Ⅴ	书库、卫生间、过道、楼梯间	1.0	150

3）基本设置

建筑采光模拟的边界条件和基本设置需满足以下规定。

(1) 模拟分析条件说明。

天空状态：全阴天模式。

分析参考平面：距地面0.75m。

分析计算网格划分的间距：0.50m。

周边环境：自然采光模拟计算考虑周边建筑和建筑自身的遮挡。

建筑构件：模拟计算时忽略室内家具等设施的影响，其他建筑构件均根据设计图纸建模，在模拟过程中考虑围护结构表面的反射系数、玻璃的可见光透射比等参数。

(2) 参数设置：材料的材质、颜色、表面状况决定光的吸收、反射与透射性能，对建筑采光影响较大，模拟分析时需根据实际材料性状对参数进行选值(表4-8)。

表 4-8 建筑饰面材料选用与反射比取值

部 位	反射比材料设计取值	备 注
顶棚	0.75	
地面	0.30	
墙面	0.60	
外表面	0.50	

注：数据参考自《建筑采光设计标准》(GB 50033—2013)附录 D 表 D.0.5。

4）输出结果

建筑采光模拟应得到以下输出结果。

(1) 总体模型图。

(2) 单体模型图。

(3) 建筑每层/标准层模型图。

(4) 建筑每层/标准层主要功能房间采光效果图。

(5) 建筑每层/标准层主要功能房间采光达标率彩图。

5）设计策略

(1) 天然采光不仅有利于照明节能，而且有利于增加室内外的自然信息交流，改善空间卫生环境，调节空间使用者的心情；在同样照度的条件下，天然光的辨认能力优于人工光，因而有利于人们工作、生活、保护视力和提高劳动生产率。

(2) 建筑大进深的地上室内空间，容易出现天然采光不足的情况。通过天窗、下沉庭院等设计手法或采用导光管技术，可以有效改善这些空间的天然采光效果。

(3) 顶部采光时，Ⅰ～Ⅳ级采光等级的采光均匀度不宜小于 0.7。为保证采光均匀度的要求，相邻两天窗中线间的距离不宜大于参考平面至天窗下沿高度的 1.5 倍。

(4) 采光设计时，应采取下列减小窗的不舒适眩光的措施。

① 作业区应减少或避免直射阳光。

② 工作人员的视觉背景不宜为窗口。

③ 为降低窗亮度或减少天空视域，可采用室内外遮挡设施。

④ 窗结构的内表面或窗周围的内墙面，宜采用浅色饰面。

注意：

(1) 采光设计时，应注意光的方向性，应避免对工作产生遮挡和不利的阴影。

(2) 需补充人工照明的场所，照明光源宜选择接近天然光色温的光源。

(3) 识别颜色的场所，应采用不改变天然光光色的采光材料。

(4) 博物馆建筑的天然采光设计，对光有特殊要求的场所，宜消除紫外辐射、限制天然光照度值和减少曝光时间。陈列室不应有直射阳光进入。

(5) 当选用导光管采光系统进行采光设计时，采光系统应有合理的光分布。

3. 评价方式

本条适用于各类民用建筑的设计、运行评价。对于建筑中不需要考虑天然采光的房间，如档案保管室、暗室以及 KTV 房间、酒吧空间等，这些房间可不参加评分计算。评价时应确认采光设计、分析所用软件已经通过建设主管部门的评估。

对于公共建筑：设计评价查阅建筑平、剖面图及门窗表，以及采光计算报告，看其采光系数的达标比例是否满足标准要求。在设计评价的基础上，运行评价还应查阅现场检测报告，并进行现场核查。公共建筑的评价方式为对各主要功能房间的采光分别计算并统计达标面积，再统计总的达标面积并计算其占功能房间总面积的比例，最后根据达标比例进行评分。

当同一建筑中同时包括居住和商店或办公等多种功能房间时，应对各种功能房间分别评分，并取低分作为本条得分。

4. 软件操作流程

1）打开软件

在桌面上双击“采光分析 Dali 2016”打开软件。

2）打开图纸

单击下拉菜单栏中的“文件”按钮，打开项目总平面图纸、建筑平面图纸。

3）总图建模

方法 1：具体操作请参照模块 2 中建筑室外通风计算的步骤。

方法 2：直接用斯维尔采光分析 Dali 2016 软件打开建筑室外通风分析模型。

4）单体建模

方法 1：具体操作请参照模块 2 中建筑室内通风计算单体建模的步骤。

方法 2：直接用斯维尔采光分析 Dali 2016 软件打开建筑室内通风分析模型。

5）本体入总

方法 1：具体操作请参照模块 2 中建筑室内通风计算本体入总的步骤。

方法 2：直接用斯维尔采光分析 Dali 2016 软件打开建筑室内通风分析模型。

6）参数设置

步骤 1：“采光设置”。设置采光属性：地点，民用/工业，2013 标准，模拟法，多雨地区。

步骤 2：选择“房间类型”命令，弹出“房间类型”对话框，选择房间使用类型（如教室、办公室等），单击“赋给房间”按钮，单击“确定”按钮。

步骤 3：选择“门窗类型”命令，设置窗框类型、玻璃类型、门的类型（按住 Shift 键可全改）。

7）计算分析

步骤 1：选择“采光分析”命令，进行采光分析计算。

计算完成后，选择“Word 报告”命令，输出建筑采光报告书（标准层可只算最底层）。

步骤 2：选择“辅助分析”→“分析彩图”→“达标图”命令，可查看达标图、平面采光系数彩图。

若计算通不过，和设计院沟通，调整窗户大小、类型等设计方案，确保满足所有强制条文要求。

4.4.2 实训任务

湖南某学校规划办学 24 个班，可招收学生 1080 人。本次新建建筑单体包括 2 栋普通教学楼、1 栋图书行政综合楼、1 栋学生食堂综合楼、门卫，其总平面布置图和教学楼平面布置情况分别见图 4-6 和图 4-7。

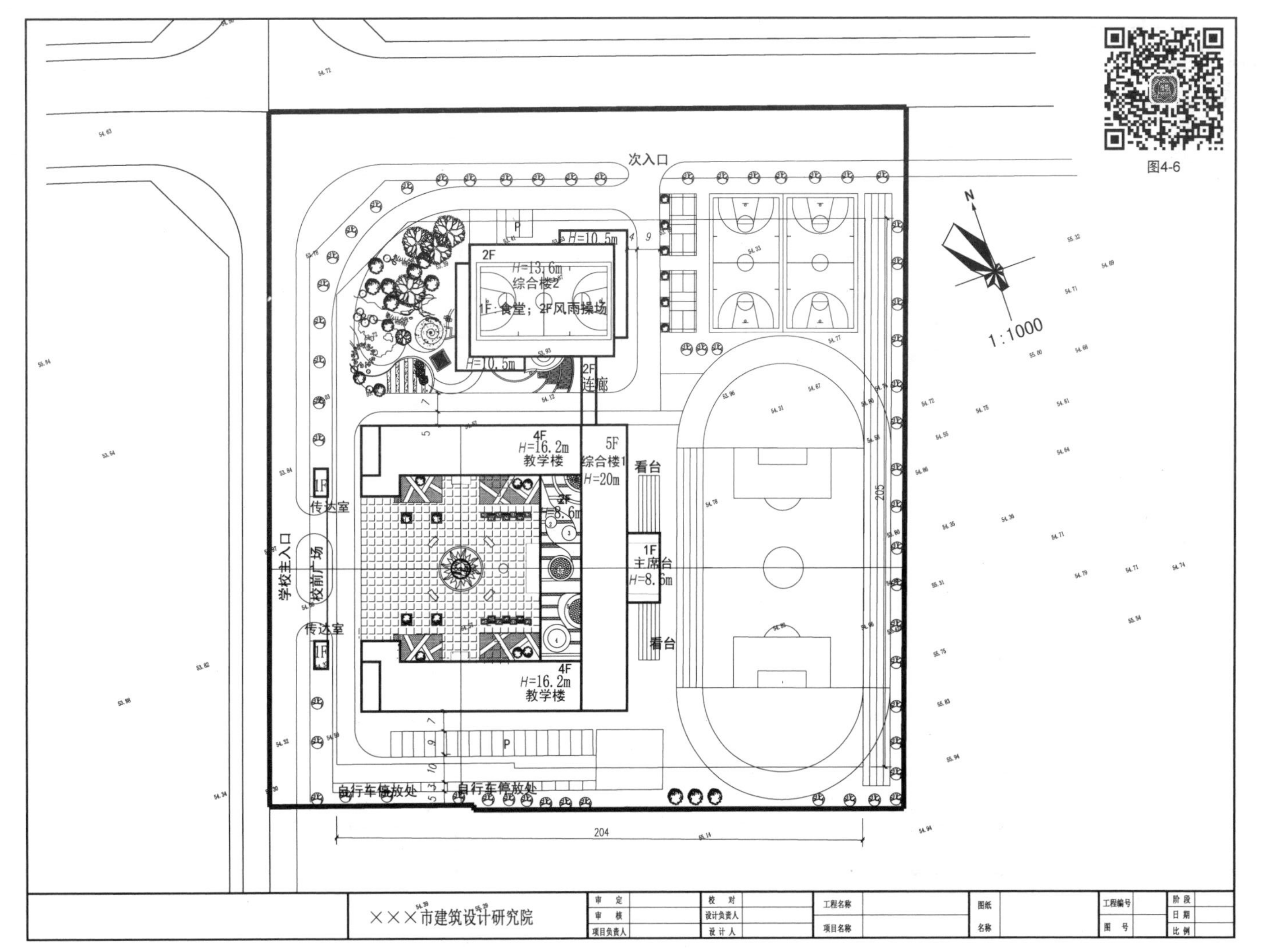

图 4-6 湖南某学校总平面图

图 4-7　湖南某学校教学综合楼一层平面图

根据提供的电子版总平面图纸和教学综合楼平面图，利用软件进行场地建筑采光模拟分析，输出建筑采光模拟分析报告1份，该报告应包含以下内容。

(1) 建筑概况：包括光气候分区、光气候系数 K、建筑面积、建筑层数、建筑高度等。

(2) 设计依据：《建筑采光设计标准》(GB 50033—2013)。

(3) 采光计算概述：包括建筑采光计算目的、标准要求、技术路线及分析软件等。

(4) 采光计算参数取值：包括模拟分析条件说明、建筑饰面材料参数、门窗类型参数等。

(5) 房间采光表：包括主要功能房间采光系数统计表，并判定其是否满足标准要求。

(6) 彩图：包括总体模型图、单体模型图、建筑每层/标准层模型图、平面采光系数彩图、平面采光达标率彩图。

(7) 综述：判断该建筑主要功能房间的采光系数是否满足现行国家标准《建筑采光设计标准》(GB 50033—2013)，并对该建筑室内采光效果进行评价，形成结论。

4.4.3　成果示范

成果示范参考图4-8。

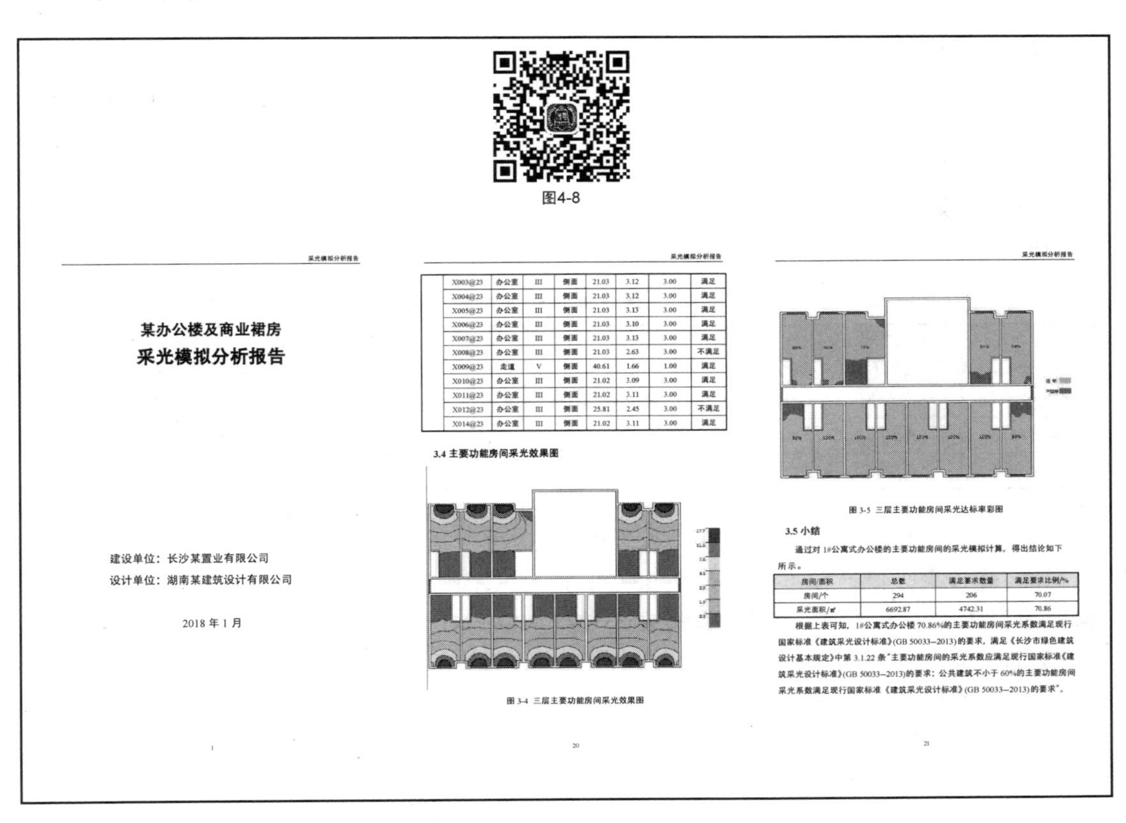

采光模拟分析报告

某办公楼及商业裙房

采光模拟分析报告

建设单位：长沙某置业有限公司

设计单位：湖南某建筑设计有限公司

2018年1月

1

采光模拟分析报告

	X003@23	办公室	III	侧面	21.03	3.12	3.00	满足
	X004@23	办公室	III	侧面	21.03	3.12	3.00	满足
	X005@23	办公室	III	侧面	21.03	3.13	3.00	满足
	X006@23	办公室	III	侧面	21.03	3.10	3.00	满足
	X007@23	办公室	III	侧面	21.03	3.13	3.00	满足
	X008@23	办公室	III	侧面	21.03	2.63	3.00	不满足
	X009@23	走道	V	侧面	40.61	1.66	1.00	满足
	X010@23	办公室	III	侧面	21.02	3.09	3.00	满足
	X011@23	办公室	III	侧面	21.02	3.11	3.00	满足
	X012@23	办公室	III	侧面	25.81	2.45	3.00	不满足
	X014@23	办公室	III	侧面	21.02	3.11	3.00	满足

3.4 主要功能房间采光效果图

图3-4 三层主要功能房间采光效果图

20

采光模拟分析报告

图3-5 三层主要功能房间采光达标率彩图

3.5 小结

通过对1#公寓式办公楼的主要功能房间的采光模拟计算，得出结论如下所示。

房间/面积	总数	满足要求数量	满足要求比例/%
房间/个	294	206	70.07
采光面积/㎡	6692.87	4742.31	70.86

根据上表可知，1#公寓式办公楼70.86%的主要功能房间采光系数满足现行国家标准《建筑采光设计标准》(GB 50033–2013)的要求，满足《长沙市绿色建筑设计基本规定》中第3.1.22条“主要功能房间的采光系数应满足现行国家标准《建筑采光设计标准》(GB 50033–2013)的要求：公共建筑不小于60%的主要功能房间采光系数满足现行国家标准《建筑采光设计标准》(GB 50033–2013)的要求”。

21

图4-8　采光模拟分析报告

实训任务 4.5　窗地比计算

实训目的：通过本实训任务的训练，了解窗地比的基本概念，能够计算出卧室、起居室窗地比，掌握居住建筑主要功能房间采光系数的分析与评价方法。

实训要求：根据提供的任务信息，完成实训任务中“窗地比计算书”。

学时安排：1学时。

辅助工具：计算机辅助设计软件(CAD)、办公软件(Word、Excel)、计算机等。

4.5.1　实训指导

1. 评价标准

根据《绿色建筑评价标准》(GB/T 50378—2014)评分项第 8.2.6 条中主要功能房间的采光系数应满足现行国家标准《建筑采光设计标准》(GB 50033—2013)的要求，评价总分值为8分，并按下列规则评分：居住建筑中卧室、起居室的窗地面积比应达到1/6，得 6 分；达到 1/5 得 8 分。

2. 计算公式

窗地比＝窗洞口面积/地面面积之比×100％

3. 条文说明

天然采光不仅有利于节能和视觉工效，也有利于使用者的身心健康。

国家标准《建筑采光设计标准》(GB 50033—2013)第四章对各类建筑的主要功能房间或场所的采光系数标准值和天然光照度标准值规定如表 4-9 所示。

表 4-9　居住建筑采光系数标准值

场所名称	侧面采光	
	采光系数标准值/%	室内天然光照度标准值/lx
卧室、起居室、厨房	2.0	300
卫生间、过道、楼梯间、餐厅	1.0	150

考虑住宅建筑户型和房间众多，为简化起见，主要考核卧室、起居室的窗地面积比。国家标准《建筑采光设计标准》(GB 50033—2013)中规定卧室、起居室的采光等级为Ⅳ级，其窗地面积比应不小于国家标准《建筑采光设计标准》(GB 50033—2013)第 6.0.1 条的规定(即侧面采光时窗地面积比不小于 1/6)。

窗地比适用于居住建筑，公共建筑依据主要功能房间的采光系数达标面积来进行评价(详见模块 4 实训任务 4.4)。

上述各表针对的是Ⅲ类光气候分区，其他地区应乘以相应的光气候系数(表 4-10)。同时应注意的是，上述窗地面积比是在一定条件下得到的。当室外遮挡较为严重，或窗透射比较低时，应进行采光计算，校核采光系数是否满足标准要求。采光计算时还应考虑周边建筑和建筑自身的遮挡。

表 4-10　不同地区光气候系数表

光气候区	Ⅰ	Ⅱ	Ⅲ	Ⅳ	Ⅴ
K 值	0.85	0.90	1.00	1.10	1.20
外天然光设计照度值 E_s/lx	18000	165000	15000	13500	12000

4. 评价方式

本条适用于各类民用建筑的设计、运行评价。建筑中不需要考虑天然采光的房间，如档案保管室、暗室以及 KTV 房间、酒吧空间等，可不参加评分计算。评价时应确认采光设计、分析所用软件通过了建设主管部门的评估。

对于居住建筑：设计评价查阅建筑平、剖面图及门窗表，校核其窗地面积比是否满足要求，同时还应查阅采光计算报告，看其采光系数是否满足标准要求。运行评价在设计评价的基础上，还应进行现场核查。当窗地面积比不满足要求，但采光系数满足要求时，本条第 1 款也可得分。同户型同样功能的房间只需要计算最不利房间(楼层低、室外遮挡严重、进深大、窗户透射比低等)；当无法确定唯一的最不利房间时，应对所有分别具备不利因素的房间进行计算。

当同一建筑中同时包括居住和商店或办公等多种功能房间时，应对各种功能房间分别评分，并取低分作为本条得分。

4.5.2　实训任务

根据图 4-9 完成“窗地比计算书”中的内容。

窗地比计算书

1. 项目概述

项目名称：湖南某居住建筑。

评价依据：《绿色建筑评价标准》(GB/T 50378—2014)评分项第 8.2.6 条“主要功能房间的采光系数满足现行国家标准《建筑采光设计标准》(GB 50033—2013)”。

评分细则：主要功能房间的采光系数应满足现行国家标准《建筑采光设计标准》(GB 50033—2013)的要求，评价总分值为 8 分，并按下列规则评分。

居住建筑：卧室、起居室的窗地面积比应达到 1/6，得 6 分；达到 1/5，得 8 分。

2. 计算公式

窗户面积＝窗户宽度×窗户高度，比如 C2116，窗户宽度为 2.1m，窗户高度为 1.6m，窗户面积为 2.1×1.6＝3.36(m^2)。

窗地比＝窗户面积/地面面积

3. 主要功能用房窗地面积比计算

根据图 4-9 完成表 4-11。

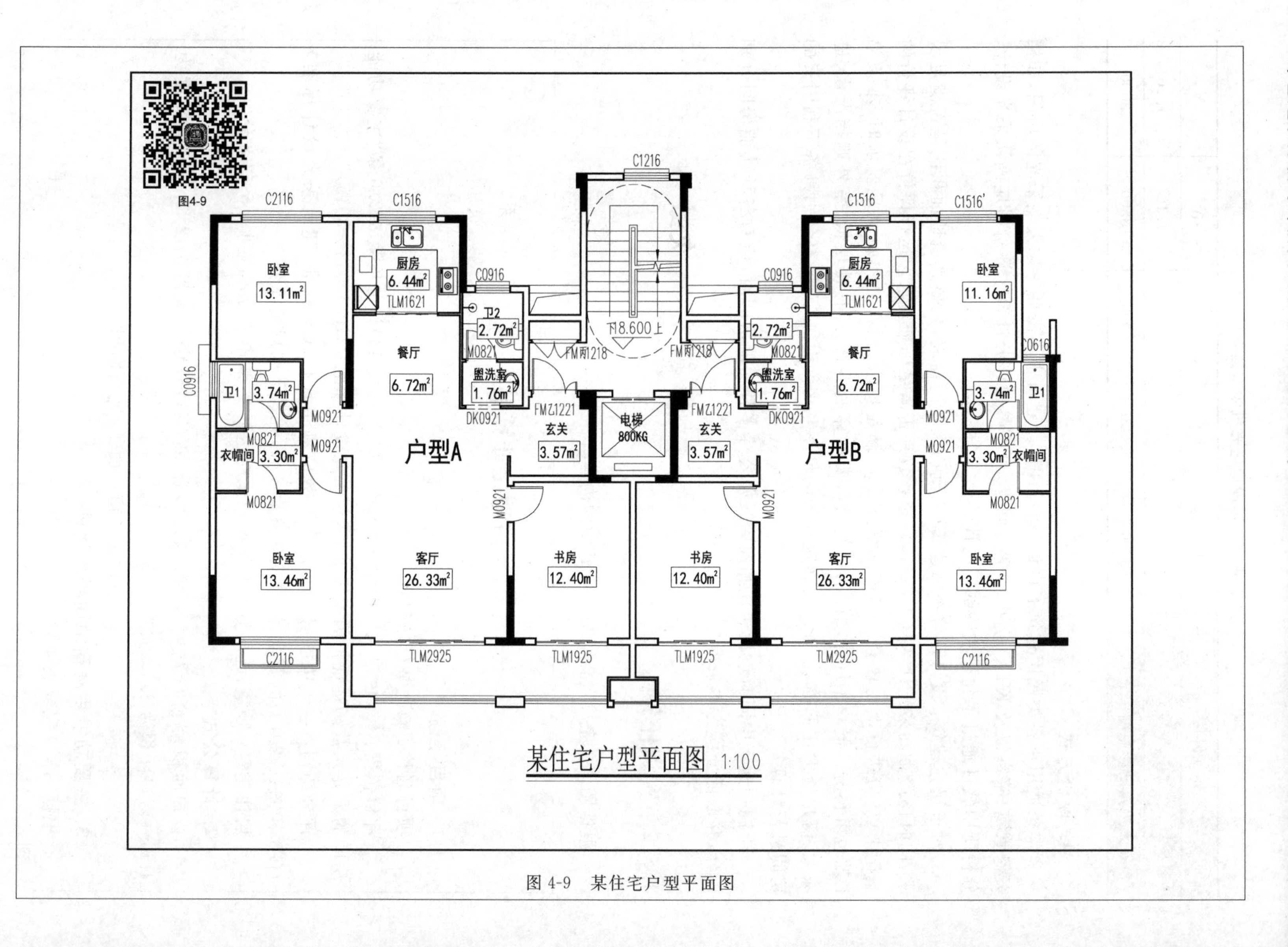

图 4-9 某住宅户型平面图

表 4-11　主要功能用房窗地面积比计算表

户型	房间类型	采光类型	窗户编号	窗面积 A_c/m^2	地面积 A_d/m^2	窗地比 A_c/A_d
A 户型	A 户起居室					
	A 户卧室(北向)					
	A 户卧室(南向)					
B 户型	B 户起居室					
	B 户卧室(北向)					
	B 户卧室(南向)					

4. 分析结论

本项目位于________,属于________气候区,K 值为________,因而本项目窗地面积比达到________,得 6 分;达到________,得 8 分。

综上所述,本项目主要功能房间的最不利窗地面积比为________,参照《绿色建筑评价标准》(GB/T 50378—2014)评分项第 8.2.6 条"主要功能房间的采光系数满足现行国家标准《建筑采光设计标准》(GB 50033—2013)",可得 ________ 分。

实训任务 4.6　建筑通风模拟及换气次数计算

实训目的:通过本实训任务的训练,能够了解建筑通风的基本概念,掌握居住建筑和公共建筑自然通风组织要点设计,运用建筑通风分析软件进行模拟分析,掌握绿色建筑室内通风的分析与评价方法。

实训要求:根据提供的任务信息及电子图纸,利用斯维尔绿色建筑系列分析软件(建筑通风 VENT 2016)进行建筑通风模拟及换气次数计算,输出并打印"建筑通风模拟及换气次数计算报告"1 份(格式为 A4 纸彩色打印)。

学时安排:4 学时。

辅助工具:计算机辅助设计软件(CAD)、斯维尔绿色建筑系列分析软件(建筑通风 VENT 2016)、办公软件(Word、Excel)、计算机等。

4.6.1　实训指导

1. 评价标准

根据《绿色建筑评价标准》(GB/T 50378—2014)评分项第 8.2.10 条中优化建筑空间、平面布局和构造设计,改善自然通风效果,评价总分值为 13 分,并按下列规则评分。

1) 居住建筑

按下列两项规则分别评分并累计。

(1) 通风开口面积与房间地板面积的比例在夏热冬暖地区达到 10%,在夏热冬冷地区达到 8%,在其他地区达到 5%,得 10 分。

(2) 设有明卫,得 3 分。

2) 公共建筑

根据在过渡季节典型工况下主要功能房间平均自然通风换气次数不小于 2 次/h 的面积比例,按表 4-12 所示的规则评分,最高得 13 分。

表 4-12 公共建筑过渡季节典型工况下主要功能房间自然通风评分规则

面积比例 R_R	得分
$60\% \leqslant R_R < 65\%$	6
$65\% \leqslant R_R < 70\%$	7
$70\% \leqslant R_R < 75\%$	8
$75\% \leqslant R_R < 80\%$	9
$80\% \leqslant R_R < 85\%$	10
$85\% \leqslant R_R < 90\%$	11
$90\% \leqslant R_R < 95\%$	12
$R_R \geqslant 95\%$	13

2. 条文说明

自然通风可以提高居住者的舒适感,并有利于健康。当室外气象条件良好时,加强自然通风还有助于缩短空调设备的运行时间,降低空调能耗。因此,绿色建筑应特别强调自然通风。

居住建筑能否获取足够的自然通风,与通风开口面积的大小密切相关。一般情况下,当通风开口面积与地板面积之比不小于 5%时,房间可以获得比较好的自然通风。夏热冬暖地区和夏热冬冷地区具有较好的自然通风条件,人们习惯采用自然通风改善室内的热湿环境。为此,本条对夏热冬暖地区和夏热冬冷地区居住建筑通风适当提高了要求,提出居住建筑通风开口面积与房间地板面积的比例,在夏热冬暖地区达到 10%,在夏热冬冷地区达到 8%,在其他地区达到 5%,作为得分条件。卫生间是住宅内部的一个空气污染源,卫生间开设外窗有利于污浊空气的排放。

对于公共建筑,若有大进深内区,或者由于别的原因不能保证开窗通风,使得单纯依靠自然风压与热压不足以实现自然通风,需要进行自然通风优化设计或创新设计,以保证建筑在过渡季节典型工况下平均自然通风换气次数大于 2 次/h。

3. 评价方式

本条适用于各类民用建筑的设计、运行评价。

设计评价查阅相关设计文件、计算书、自然通风模拟分析报告。

运行评价查阅相关竣工图、计算书、自然通风模拟分析报告,并现场核查。

4. 软件操作流程

1) 打开软件

在桌面上选择“建筑通风 VENT 2016”,双击打开软件。

2) 打开图纸

单击下拉菜单栏中的“文件”按钮,打开项目总平面图纸。

3) 建立模型

(1) 总图建模:具体步骤详见模块 1 实训任务 1.5。

(2) 单体建模：具体步骤详见模块 2 实训任务 2.1。

(3) 本体入总：将单体模型复制粘贴到总图模型图纸中，并将二者的对齐点设置在同一位置，空白处右击“观察模型”，如与图纸不一致，调整模型，直至准确为止。

4) 参数设置

(1) 工程设置：展开左侧菜单栏中的“设置”，单击“工程设置”按钮，设置本工程的建设地点、名称、建设单位、设计单位及项目概况等内容。

(2) 门窗编号：展开左侧菜单栏中的“门窗”，单击“门窗编号”按钮，框选单体模型中的所有窗户，对图中的门窗进行自动编号。

(3) 门窗展开：展开左侧菜单栏中的“设置”，单击“门窗展开”按钮，在空白处先右击，再用左键画线，依次展开门窗立面大样。

(4) 插入窗扇：展开左侧菜单栏中的“设置”，单击“插入窗扇”按钮，在门窗立面图中插入可开启扇。

5) 过渡季节室外风场模拟分析

(1) 计算分析：展开左侧菜单栏中的“计算分析”，单击“室外风场”按钮，确定选择目标建筑群的方法，单击“确定”按钮，框选总图模型，按空格键或回车键确定。

(2) 参数设置：在弹出的对话框中设置入口风速度及来风方向(风向 135°、风速 3.7m/s)，选择提取门窗风压值选项，选择计算精度为“粗略”，单击“确定”按钮。

(3) 计算结果：自动进行场地风环境模拟分析，包括划分网格、迭代计算两个部分，等待软件计算完毕后提取门窗风压值。

6) 过渡季节室内风场模拟分析

(1) 计算分析：展开左侧菜单栏中的“计算分析”，单击“室内风场”按钮，框选单体模型中的底层平面，按空格键或回车键确定。

(2) 参数设置：选择计算精度为“粗略”，并选择“计算空气龄”选项，单击“确定”按钮。

(3) 计算结果：自动进行室内风场模拟分析，包括划分网格、迭代计算两个部分，等待软件计算完毕读取计算结果。

(4) 截图保存：对室内风场流场、风速及空气龄模拟结果进行截图并保存。

7) 换气次数计算

计算分析：展开左侧菜单栏中的“计算分析”，单击“换气次数”按钮，等待软件自动计算完毕，单击自动生成“换气次数计算报告书”。

8) 开地比计算

计算分析：展开左侧菜单栏中的“计算分析”，单击“开地比”按钮，等待软件自动计算完毕，单击自动生成“开地比计算报告书”。

4.6.2 实训任务

某公寓式办公建筑位于长沙市区中心区域，为 24 层一类高层公共建筑(1、2 层为商店，3～24 层为办公)，其总平面图图纸及单体标准层建筑平面图分别如图 4-10 和图 4-11 所示。

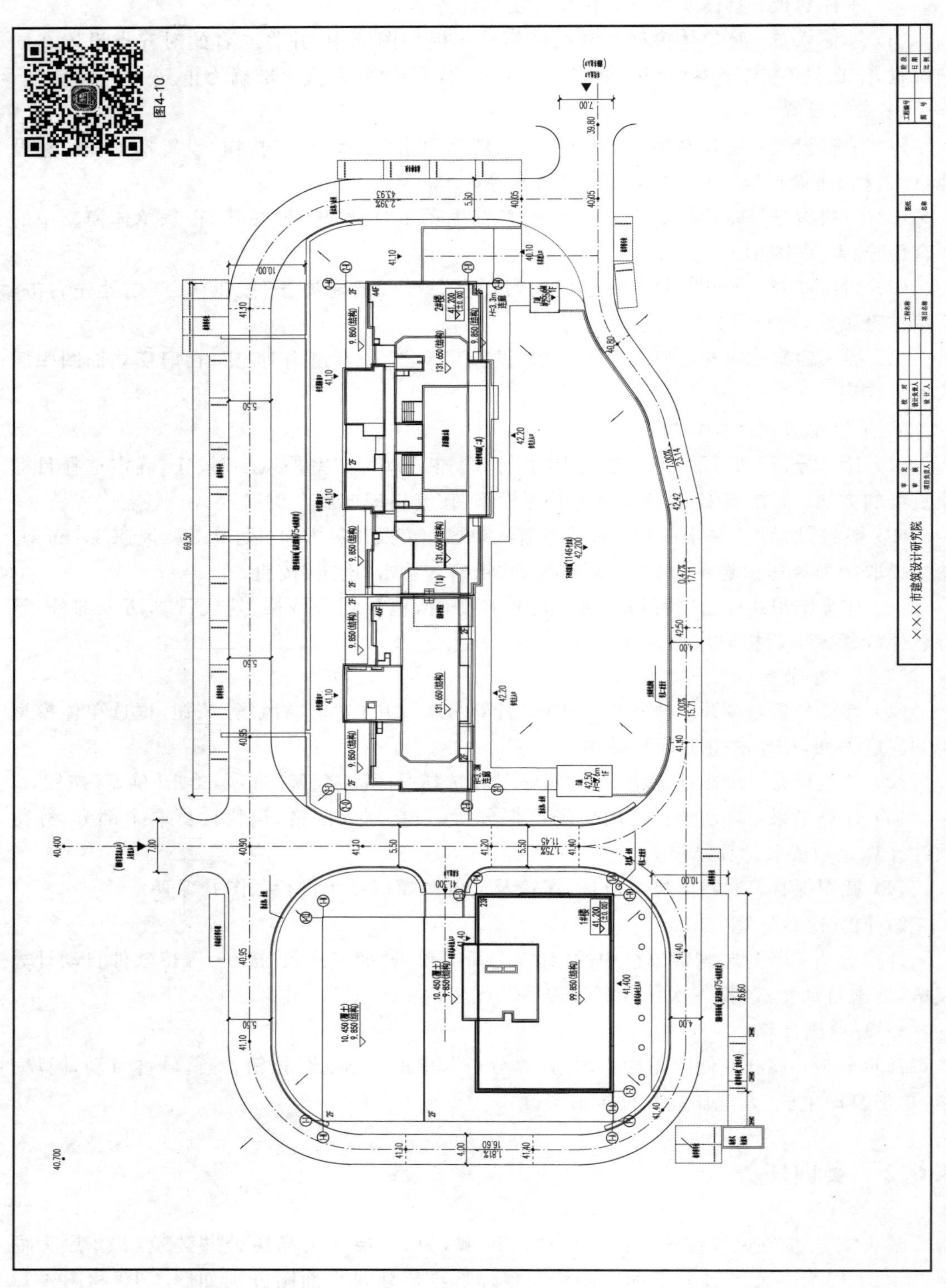

图 4-10　某公寓式办公建筑总平面图

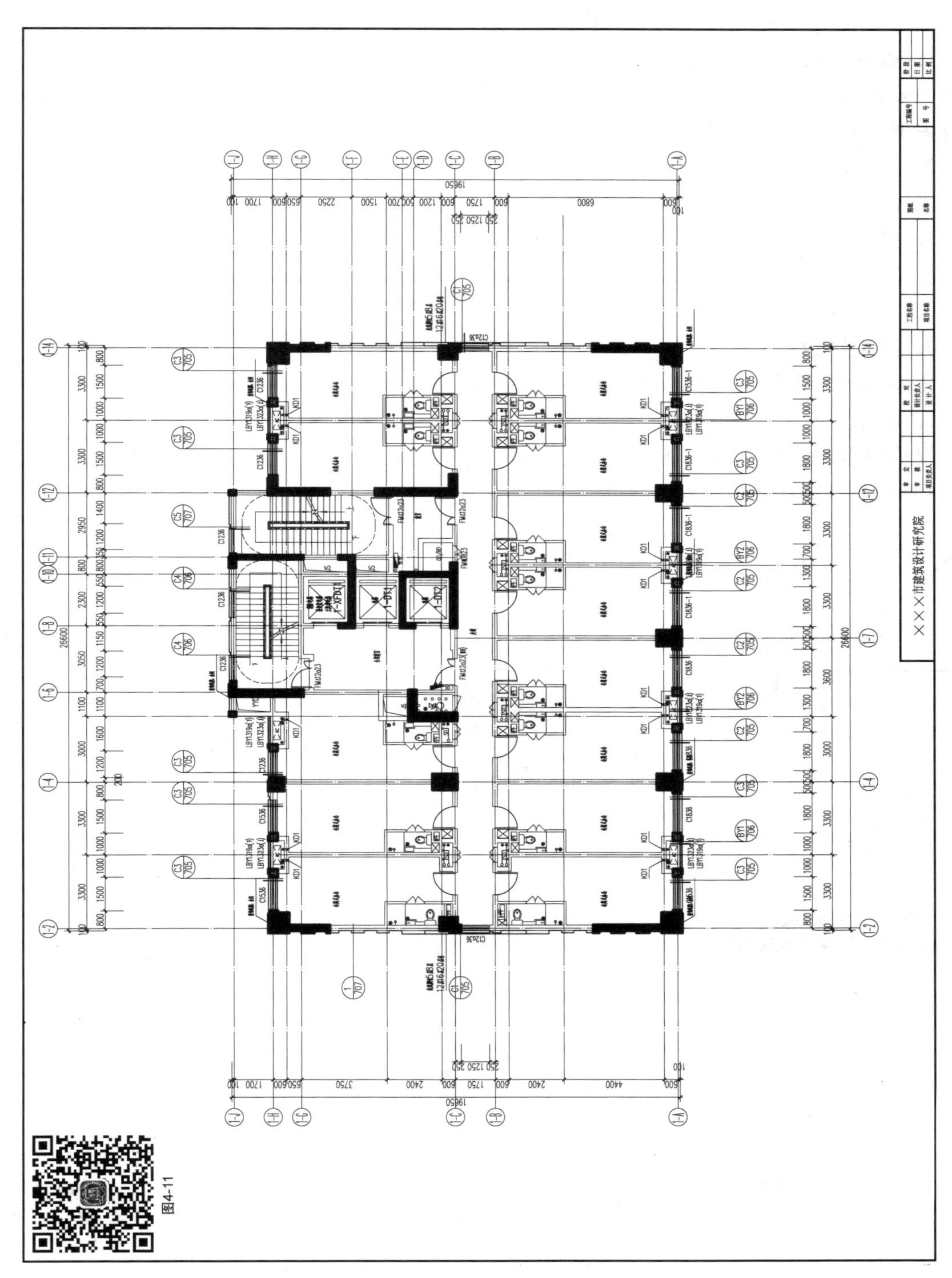

图 4-11 某公寓式办公建筑标准层建筑平面图

根据提供的电子版总平面图纸，利用软件进行室内通风模拟分析，并进行换气次数计算，编制建筑通风模拟及换气次数分析报告 1 份，该报告应包含以下内容。

1. 项目概况

主要包括项目简介、参评建筑、星级目标、总平面图、效果图、自然通风概述、参考依据、评价说明等基本信息。

2. 技术路线

主要包括几何模型、边界条件等参数介绍。

3. 模拟分析

主要包括过渡季节工况下，距楼面 1.2m 高度处的流场、风速和空气龄分布图及分析内容。

4. 换气次数计算

主要包括计算方法介绍、主要功能房间换气次数计算及统计。

5. 结论

根据模拟及计算结果、《绿色建筑评价标准》(GB/T 50378—2014)评分项第 8.2.10 条内容，对该项目建筑自然通风情况进行评价与总结。

4.6.3 成果示范

成果示范见图 4-12。

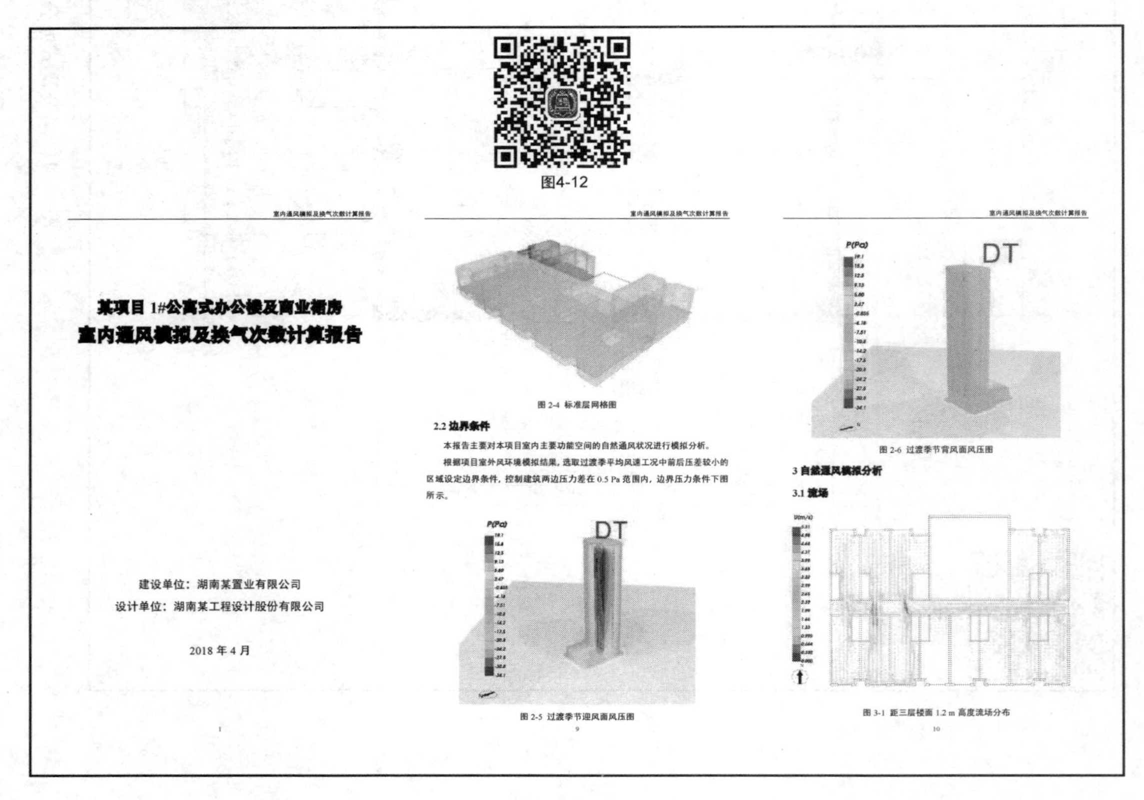
图4-12

室内通风模拟及换气次数计算报告

某项目 1#公寓式办公楼及商业裙房
室内通风模拟及换气次数计算报告

建设单位：湖南某置业有限公司
设计单位：湖南某工程设计股份有限公司

2018 年 4 月

1

室内通风模拟及换气次数计算报告

图 2-4 标准层网格图

2.2 边界条件

本报告主要对本项目室内主要功能空间的自然通风状况进行模拟分析。

根据项目室外风环境模拟结果，选取过渡季平均风速工况中前后压差较小的区域设定边界条件，控制建筑两边压力差在 0.5 Pa 范围内，边界压力条件下图所示。

图 2-5 过渡季节迎风面风压图

9

室内通风模拟及换气次数计算报告

图 2-6 过渡季节背风面风压图

3 自然通风模拟分析

3.1 流场

图 3-1 距三层楼面 1.2 m 高度流场分布

10

图 4-12 室内通风模拟及换气次数计算报告

参考文献

[1] 中华人民共和国住房和城乡建设部.绿色建筑评价标准[S].北京：中国建筑工业出版社，2014.
[2] 中国建筑科学研究院.绿色建筑评价技术细则 2015[S].北京：中国建筑工业出版社，2015.
[3] 康玉成.建筑隔声设计——空气声隔声技术[M].北京：中国建筑工业出版社，2004.
[4] 刘加平，董靓，孙世钧.绿色建筑概论[M].北京：中国建筑工业出版社，2010.
[5] 王立雄，党睿.建筑节能[M].3 版.北京：中国建筑工业出版社，2015.